LES DOVZE CLEFS DE PHILOSOPHIE DE FRERE BASILE VALENTIN,

RELIGIEVX DE L'ORDRE Sainct Benoist.

Traictant de la vraye Medecine Metalique.

Plus l'Azoth, ou le moyen de faire l'Or caché des Philosophes.

TRADVCTION FRANCOISE.

A PARIS,
Chez PIERRE MOËT, Libraire Iuré, proche le Pont S. Michel, à l'Image S. Alexis.

M. DC. LX.

A MONSIEVR le Cheualier Digby, Chancelier de la Reine de la Grande Bretagne, &c.

MONSIEVR,

Faute d'vne meilleure occasion, ie prends celle de ce Liure que ie vous dedie, pour preuue de mes tres-humbles respects, & que ie conserue vn vif ressentiment des fauueurs dõt il vous a pleu me gratiffier. Ie n'oserois dire que ce petit present soit sans la pretention de quelque nouuel interest, car nostre exercice fait estat de joindre les diuerses qualités de Mercure, d'aymer le Soleil, de trafiquer des Sciences, & de receuoir en donnant: en cela mesme ie ne suis que l'agent des Dieux, c'est à dire des Sages: Ie leur ay debité vos belles pensées, & ie vous en rapporte les ſentimens. Tous m'ont temoigné l'extreme ſatis-faction qu'ils ont receu de voſtre Traitté ſur la Poudre de Sympatie, en ſuite qu'ils ſouhaiteroient que les lumieres & les chaleurs de voſtre Eſprit s'employaſſent pour donner vn nouueau iour aux myſteres de cét Art, qui exerce depuis ſi long-temps la curioſité des Philoſophes, & pour faire éclorre cét œuf qu'ils vantent ſi fort. Ie vous offre donc ce Liure, comme la terre preſente ſes fleurs & ſes fruicts au Soleil, afin qu'ils en tirent leur perfection, & comme elle luy enuoye ſes vapeurs pour les receuoir en roſées & en pluyes, qui la rendent plus belle & plus riche.

I'ay fait encore eſperer que vous donnerez quelque iour au public, ce que vous auez iudicieuſement obſerué touchant la poſſeſſion des demons. Vous reuſsirez parfaitement, MONSIEVR, en toutes ces matieres cachés au commun des hommes, & ie ne croy pas qu'auec iuſtice vous puiſsiez refuſer la continuation de ces pretieuſes eſtudes au public, car vous luy eſtes redeuable d'vn droit annuel, apres qu'il vous a mis au rang des Illuſtres, & en cette eſtime d'eſprit qui paſſe toutes les dignités de la fortune. Vous acquiter de ce deuoir & reſpondre aux eſperances que l'on a conceuës de vous, C'est vostre gloire, & ce ne peut estre qu'vne double satis-faction, Pour,

MONSIEVR,

Vostre tres-humble, tres-obeïssant & tres-affectionné seruiteur,

PIERRE MOËT.

PREFACE AV LECTEVR.

IL y a plus de trois ans passez (Amy Lecteur) que i'ay fait traduire les œuures Philosophiques de Frere Basile Valentin, Religieux de l'ordre de Sainct Benoist, tres docte personnage, lequel a si bien escrit, que ses œuures sont dignes d'eternelle memoire, mesmes par l'aduis des plus doctes de ce temps : Ce qui m'a le plus perſuadé de les faire veoir, a eſté la priere que m'en ont fait pluſieurs perſonnes de qualité, leſquels deſirans de contenter, ie les ay fait traduire d'Alemand & de Latin en noſtre langue Fran[illegible]ſe, & les donner à ceux de ma patrie, ſçachant qu'elle eſt à preſent la plus curieuſe de toutes les autres nations de l'Europe, c'eſt la principale conſideration qui m'a induit à les mettre en lumiere, croyant qu'elles ſeroient neceſſaires au public, afin meſmes qu'elles peuſſent ſeruir à pluſieurs pour les deſtourner d'vne infinité de choſes inutiles à quoy ils s'adonnent, & ſe ranger ſous les vrays ſentiers de la Nature, qui eſt le lien indiſſoluble par lequel ils ſe diſpoſeront au deuoir de la raiſon, & ce faiſant Dieu leur fera la grace de paruenir à la desirée definition d'vne grace speciale, par laquelle ils paruiendront à la supernelle vocation, faisant les choses à l'honneur & gloire de celuy qui possede toutes choses, & aussi que luy qui est autheur de la nature n'agit en nous que par vne extraordinaire inspiration qu'il nous donne par son sainct vouloir, lors qu'il cognoist que nous auons la volonté de bien faire : c'est cela qui a tant esmeu de gens doctes à chercher les curiositez naturelles, afin de faire du profit au public, & principalement aux pauures, & non seulement en nostre France, mais en diuerses contrées il y a plusieurs Autheurs qui ont bien fait des liures de cette science, & qui certifient qu'encores que malaisement on ne la peut pas bien cognoiſtre, que neantmoins elle eſt veritable, & ay veu vn liure Italien d'vne Damoiſelle qui s'appelle Dona Iſabella Corteſi, qui a fait des vers en ſa langue ſi bien faits, que ie ne les puis oublier à vous les reciter en ce lieu.

Sal fa il fetor ingrato
E fa ogni membro albato,
Risolue é ben liquora
Purga ogni cosa encora,
E vietto é retto
Fugitiui tien stretto,
E nulla sensa sale
Pratica nostra vale:

ALTRO VERSI.

L'arte sta in aque pura
E altro à far non cura
Genera la tintura
Cosa che al foco dura,
Mercurio struger suole
Ogni foliato sole
Lo dissolue é fa el mole
L'alma del corpo il tole
E dopo lo congela
A chi Dio lo riue la.

QVATRAIN.

Ce Phœnix nompareil auec ſa treſ-
ſe blonde.
Que Phœbus nous enuoye de la race
des Dieux
Compaſſant tripl'en vn, qui deſcend
des hauts lieux,
Pour le veoir icy bas victorieux du
monde.

STANCES SVR LA FIGVRE suiuante du Phœnix.

I.

Dieu qui tout composa du plus pur de la terre,
Quand ce Chaos fut fait, & ce qui luy enserre,
Il le mit au pouuoir de toute la Nature,
Qui nous fait vooir au iour le Sel, Soulfre & Mercure.

II.

Ce pourpris estant fait, & cette masse ronde,
Les Elemens vnis & tout ce qu'est au monde,
Les Germes qui y sont, ce qui est en Nature,
Ils naissent par le Sel, le Soulfre & le Mercure.

III.

Par eux tout le pouuoir se met en euidence,
L'estre qui s'en ensuit d'vne mesme prudence.
Tant que continuant de iour en iour Nature,
Fait agir sous le Ciel le Sel, Soulfre, & Mercure.

IIII.

Plus tout se continuë d'vne grand fermeté,
Plus tout ce qui se faict est solide arresté,
Et par Indiuidus se dispose Nature,
Par lesquels se refait le Sel, Soulfre, & Mercure.

V.

Puis encore tousiours elle se multiplie,
Faisant qu'en alterant la terre soit remplie
D'humeur, que tous les ans en la riche Nature,
L'esprit se recompose en Sel, Soulfre, & Mercure.

P. M.

PREMIER LIVRE DE LA CLAVICVLE DE LA Pierre pretieuſe des anciens Philoſophes.

Composé par F. Baſile Valentin, de l'ordre de S. Benoiſt.

AVANT-PROPOS.

EN ma preface (du traicté de la generation des Planettes) ie me ſuis obligé, Amy Lecteur, en faueur de ceux qui ſont curieux de ſcience, & deſireux de rechercher les ſecrets de la Nature, & enſeigner (ſelon le moyen que Dieu m'en a donné) d'où, & de quelle matiere nos anceſtres ont premierement tiré, puis preparé la pierre triangulaire, donnée par la liberalité du ſouuerain Dieu, (de laquelle ils ſe ſont ſeruis pour entretenir leur ſanté durant le cours de cette vie mortelle, & pour ſaulpoudrer cóme de ſel celeſte les malheurs de ce mõde :) Or afin que ie tienne ma promeſſe, & que ie ne t'enuelope point dans les ſophiſtications fallacieuſes, mais que ie monſtre, comme l'on dit, depuis vn bout iuſques à l'autre, la ſource de tous biens : Sois attentif, & conſidere diligemment ce que ie vay dire, (ſi tu és deſireux de ſcience) car il ne me plaiſt point à parler en vain, & telle n'eſt pas mon intention, que de me ſeruir à cét effect de paroles friuoles, veu qu'elles ne seruent de rien ; ou de bien peu pour apprendre : bien au contraire, c'est tout mon but que de mõstrer en peu de mots des choses qui soiẽt appuyées & fondées sur de bons fondemens, & fondées sur des experiences tres-certaines.

Or il faut sçauoir qu'encores que beaucoup se facent accroire de pouuoir construire cette Pierre, fort peu neantmoins en viennent à bout, car Dieu n'en a communiqué la connoissance de l'operation qu'à fort peu, & à ceux là principalement qui haïssent le mensonge, embrassent du tout la verité, & qui s'adonnent aux Arts & sciences, & sur tout à ceux qui l'ayment grandement, & luy demandent auec grande instance & prieres ce precieux don.

C'est pourquoy ie t'aduertis, si tu veux chercher nostre Pierre, de suiure mon conſeil, en premier lieu, prie Dieu qu'il fauoriſe tes œuures: & ſi tu ſens ta conſcience chargée de pechez, ie te conſeille de la deſcharger & nettoyer par vraye contrition & confeſſion, & que tu te deliberes de perſeuerer touſiours en la vertu, afin que ton cœur ſoit conforme en tout bien, & ton eſprit eſclairé de la lumiere de verité: outre cela delibere en toy meſme, que ſi apres auoir acquis ce don diuin, tu és eſleué en honneur, de tendre la main aux pauures embourbez dans le limon de la pauureté, refaire & reſtaurer de ta liberalité ceux qui ſont rompus & laſſez de malheurs, & releuer de tes richeſſes les accablez de miſere, afin que plus aiſément tu ayes la benediction de Dieu, & que ta foy eſtant confirmée par les bonnes œuures; tu puiſſes en fin iouyr de la beatitude eternelle.

Outre plus, ne mesprise pas les liures des anciens Philosophes, qui pour le certain ont eu la Pierre deuant nous, mais lis-les entierement, car apres Dieu ce sont ceux-là qui sont causes que ie l'ay euë, lis-les plus d'vne fois, afin de n'oublier les principes, que tes fondemens ne tombent, & que la lumiere de la verité ne soit esteinte.

En outre, sois diligent à la recherche des choses qui s'accordent auec la raison, & auec les liures des anciens, ne sois point muable, mais vise constamment au but, auquel tirent & s'accordent tous les sages, & souuiens toy qu'vn esprit mobile n'a point de pied stable, & qu'vn Architecte de legere teste à grand peine peut bastir vn edifice ferme & permanent.

De plus, ne prenant point nostre Pierre, son estre & sa naissance de choses combustibles (veu qu'elle combat mesme contre le feu, & soustient, sans estre aucunement offencée, tous ses efforts & embusches) ne la tire point de telles matieres, esquelles la toute puissante nature ne la peut mettre.

Par exemple, si quelqu'vn disoit qu'elle est de nature vegetable, ce qui neantmoins n'est pas possible, bien qu'il apparoisse en elle ie ne sçay quoy de vegetable : car il faut que tu sçaches que si nostre lunaire estoit de mesme nature que les autres plantes, elle seruiroit aussi bien que les autres de matiere propre au feu pour brusler, & ne remporteroit autre chose de luy que le sel mort, ou, comme l'on dit, la teste morte : & bien que nos deuanciers ayent escript bien amplement de la Pierre vegetable , toutesfois si tu n'és plus clair voyant que Lincée, croy moy , cela surpassera la portée de ton esprit , car ils l'ont seulement appellée vegetable , pource qu'elle croist , & se multiplie comme vne chose vegetable.

Bref, sçache que pas vn animal ne peut estendre son espece & engendrer son semblable, s'il ne le fait par le moyen de choses semblables , & d'vne mesme nature , voyla pourquoy ie ne veux point que tu mettes peine à chercher nostre Pierre autre part, ny d'autre costé que dans la semence de sa propre nature , de laquelle la nature l'a premierement produite. Tire de là aussi vne consequence certaine, qu'il ne te faut aucunement choisir à cét effet vne nature animale , car comme la chair &

le ſang ont eſté donnez par le Createur de toutes choſes aux ſeuls animaux, auſſi du ſeul ſang, a eux ſeul particulier, eux ſeuls ſont nays & naiſſent tous les iours. Mais noſtre Pierre que i'ay euë par ſucceſſion des anciens Philoſophes, eſt faite & compoſée de deux choſes, & d'vne, eſquelles eſt la troiſieſme cachée, & telle eſt la verité vrayement publiée ſans aucune ambiguité & fraude, car le mary & la femme n'eſtoiét pris par les anciens Philoſophes que pour vn meſme corps, non pas à cauſe de ſes accidens externes qu'ils euſſent, mais à cauſe de leur amour reciproque, & la vertu vniforme productiue de leur ſemblable, née & inſerée à l'vne & à l'autre, dés leur premiere naiſſance. Et tout ainſi qu'ils ont vne vertu conſeruatiue & propagatiue de leur eſpece, tout de mesme la matiere de laquelle est produict nostre Pierre, se peut multiplier & estendre par la vertu seminaire qu'elle a : C'est pourquoy si tu és vray amateur de nostre science, tu ne feras pas peu d'estime de ce que ie te viens de dire, & tu le considereras attentiuement, de peur de te laisser tirer auec les autres sophistes, aueuglez en cét endroict en la fosse d'ignorance, te precipiter en ce gouffre, & enfin n'en pouuoir iamais reuenir.

Or, mon amy, afin que ie t'enseigne d'où cette seméce, & cette matiere est puisée, songe en toy mesme à quelle fin & vsage tu veux faire la Pierre, alors tu sçauras qu'elle ne s'extraict que de racine metalique, ordonnée du Createur à la generation seulement des Metaux : Or comprends en peu de paroles comment cela se faict.

Au commencement, lors que l'esprit du Seigneur estoit porté sur les eaux, & que toutes choses estoient enueloppées dans les obscuritez tenebreuses du Chaos, alors Dieu tout puissant & Eternel, commencemét sans fin, la sagesse duquel est dés le commencement, & dés l'Eternité, par ses conseils inscrutables & prouidens, crea de rien le Ciel & la terre, & tout ce qui est en iceux contenu visible & inuisible, quel nom que tu leur baille ou leur puisse bailler: Car Dieu fit toutes choses de rien: Or comment fut faite cette esmerueillable creation, i'estime que ce n'est icy le lieu de s'en enquester, car telles matieres doiuent estre plustost confirmées par la foy & par la saincte Escriture. En cette creation Dieu donna & comme versa à chaque nature, de peur qu'elles ne perissent, estás subiectes à corruption, à chacune sa semence, afin que par telle vertu seminalle elles se peussent garentir de mort, & que les hommes, les animaux, les plantes & les metaux, peussent estre perpetuellement conseruez, & ne fut pas donnée à l'homme telle vertu, que de pouuoir à son plaisir, contre la volonté de Dieu, faire de nouuelles semences, mais seulement luy fut permis de pouuoir estendre & multiplier son espece: Et Dieu se reserua la puissance de faire de nouuelles semences, autrement la creation seroit possible à l'homme, comme estant la plus noble creature, ce qui ne se peut pas faire, mais doit estre reseruée au seul Createur de toutes choses.

Quand à la vertu seminale des

Metaux, ie veux qu'ainſi tu la connoiſſes : Premierement l'influence celeſte par la volonté & commandement de Dieu, deſcend d'enhaut, & ſe meſle auec les vertus & proprietez des Aſtres, d'icelles meſlées enſemble, il ſe forme comme vn tiers entre-terreſtre : Ainſi eſt faict le principe de noſtre ſemence, & telle eſt ſa premiere production, par laquelle elle peut donner aſſez ſuffiſant teſmoignage de ſa race : De ces trois ſe font les elemens, à ſçauoir, l'Eau, l'Air, & la Terre, leſquels moyennant l'ayde du feu, cõtinuellement appliqué, l'on regiſt & gouuerne iuſques à ce qu'ils ayent produit vne ame qui aye moyenne nature entre les deux, vn eſprit incomprehenſible, & vn corps viſible & corporel : Quand ces trois principes ſont ioints enſemble par vraye vnion, ils font par continuation de temps, & par le moyen du feu deuëment appliqué, vne substance sensible; sçauoir est, *la Mercurialle, la Sulfureuse, & la Saline,* que Hermes & tous les autres deuant moy, ne pouuant rien par delà dés le commencement du Magistere, ont appellé les trois principes, lesquels s'y estans mis proportionnément, l'on coagule, selon les diuerses operations de nature, & la disposition de la semence, ordonnée de Dieu à cét effect.

Quiconque donc se propose de chercher la source de cette salubre fontaine, & espere de remporter par vn combat desiré, le prix de ce noble Art, qu'il me croye, attestant le Souuerain Dieu de cette verité, que la part où se trouuent l'Ame Metalique, l'Esprit Metalique, & le corps

Metalique, s'y trouuent aussi infailliblement, *l'Argent vif, le Soulfre, & le Sel Metalique*, lesquels necessairement ne sçauroient faire qu'vn corps parfaict Metalique.

Si tu ne veux pas entendre ce qu'il te faut apprendre ; ou tu n'auras iamais esté esleué dans l'escolle de sagesse, ou tu ne seras pas enfant de science, ou bien Dieu t'estimera indigne & incapable de telle doctrine.

Ie te dits donc en peu de mots qu'il te sera impossible de tirer aucun profit ou fœlicité des matieres metaliques, si tu n'assembles exactement en vne forme metalique ces trois principes ; Auec cela il faut que tu sçaches que non seulement l'hôme, mais mesmes aussi tous les autres animaux terrestres, composez de chair & de sang, sont doüez d'Ame & d'esprit vital, qu'ils sont despourueuz neantmoins d'entendement, qui est à l'homme seul particulier : C'est pourquoy quand ils ne sont plus en vie, l'on n'en sçauroit rien tirer de bon, tout estant mort en eux.

Mais quand l'Ame de l'homme est contraincte par la mort & par la dis-ionction d'auec le corps, de retourner à son Createur d'où elle est venuë, elle vit tousiours, & en fin retourne habiter auec le corps purifié & clarifié par le feu, de telle façon que l'Ame, l'Esprit & le Corps, s'illuminent l'vn l'autre d'vne certaine clairté celeste, & s'embrassent de telle sorte que iamais puis apres ils ne peuuēt estre des-vnis l'vn de l'autre.

Voyla pourquoy l'homme doit estre, à cause de son ame, estimé creature fixe, d'autant que (bien qu'il ſemble mourir) il viura perpetuellement, la mort de l'homme à cauſe de cela, n'eſt autre choſe qu'vne clarification, par laquelle (deuāt que paſſer comme par certains degrez ordónez de Dieu) il doit apres auoir quitté cette vie mortelle, viure plus noblement, & d'vne vie immortelle : Ce que n'eſtant ainſi des autres animaux, l'on les doit eſtimer creatures non fixe, car apres la mort ils n'ont aucune eſperance de reſuſciter & reuiure, pource qu'ils ſont deſpourueus d'Ame raiſonnable, pour laquelle a enduré & reſpandu ſon precieux ſang, le vray mediateur & vnique fils de Dieu.

A la verité ſi l'eſprit peut habiter l'Ame & le corps ; il ne s'enſuit pas neantmoins qu'ils ſoient liez enſemble, bien qu'ils ſoient en paix, & ne ſoient en rien diſcordans l'vn de l'autre, l'autre, car ils ont encores besoing d'vn lien plus fort, à sçauoir de l'Ame pure, noble & incomprehensible, qui les puisse tous deux lier fermement, les garantisse de tous dangers, & deffende contre tous les ennemis : Car où l'Ame s'est departie & est du tout esteinte, n'y a plus de vie en cét endroict, & n'y a aucune esperance de la recouurer, voyla pourquoy vne chose sans Ame est grandement imparfaicte, & voicy vn grand secret, & que doit necessairement sçauoir le sage qui cherche nostre Pierre, ma conscience m'a obligé à ne passer soubs silence vn tel mystere; mais les descouurir aux amateurs de nostre science; Poise donc diligemment mes paroles, & apprends que les esprits qui sont cachez dans les metaux different beaucoup l'vn de l'autre, l'vn estant plus volatil, l'autre plus fixe, la mesme difference se trouue en leur Ame, & en leur corps. Tout metail donc qui est composé de tels esprits vrayement fixes (ce qui est donné de particulier au seul Soleil) a vne grande force & vertu, par laquelle il combat mesme contre le feu, & par sa puissance surmonte tous ses ennemis.

La Lune a en soy vn Mercure fixe, par lequel elle soustient plus longuement la violence du feu que les autres metaux imparfaicts, & la victoire qu'elle remporte, monstre assez combien elle est fixe, veu que le rauissant Saturne ne luy peut rien oster ou diminuer.

La lasciue Venus est bien colorée, & tout son corps n'est presque que teinture, & couleur sẽblable à celle qu'à le Soleil, laquelle à cause de son abondance, tire grandement sur le rouge, mais d'autant que son corps est lepreux & malade, la teinture fixe n'y peut pas faire sa demeure, mais le corps s'envolant, necessairement la teinture doit suiure, car iceluy perissant, l'Ame ne peut pas demeurer, son domicile estant consommé par le feu, n'apparoissant & ne luy estant laissé aucun siege, & refuge, laquelle au contraire accompagnée demeure tout auec vn corps fixe.

Le Sel fixe, fournit au guerrier Mars vn corps dur, fort, solide & robuste, d'où prouient sa magnanimité & grand courage. C'est pourquoy il est grandement difficile de surmonter ce valeureux Capitaine, car son corps est si dur, qu'à grand peine peut on le blesser : Mais si quelqu'vn mesle sa force & dureté auec la constance de la Lune & la beauté de Venus, & les accorder par vn moyen spirituel, il pourra faire, non point tant mal à propos vne douce harmonie, par le moyen de laquelle le pauure homme s'estant seruy à cét effet de quelques clefs de nostre Art, apres auoir monté au haut de cette eschelle, & paruenu iusques à la fin de l'œuure, pourra particulierement gaigner sa vie, car la nature phlegmatique & humide de la Lune peut estre eschauffée & desseichée par le sang chaud & colerique de Venus, & sa grande noirceur corrigée par le Sel de Mars.

Il ne faut pas que tu cherches cette semence dedans les elemens, car elle n'est pas si esloignée de nous, mais la nature nous l'a mise bien plus prés, & tu l'obtiendras, si tu rectifies tellemét le Mercure, le Soulfre & le Sel (i'entends des Philoſophes) que l'Ame, l'eſprit & le corps ſoient ſi bien vnis qu'ils ne ſe puiſſent iamais quitter, alors ſera faict le vray lien d'amour, & ſera baſtie la maiſon de gloire & d'honneur : Et ſçaches que tout cecy n'eſt rien autre choſe que la clef de la vraye Philoſophie, ſemblable aux proprietez celeſtes, & l'eau ſeiche conioincte auec vne ſubſtance terreſtre, toutes leſquelles choſes reuiennent toûjours à meſme poinct, comme n'eſtant qu'vne meſme, qui prend ſon origine de trois, de deux, & d'vne. Si tu frappes ce but & paruiens iuſques là, ſans doubte tu as accomply le magiſtere: ioints par apres l'époux auec l'eſpouſe, afin qu'ils ſoient nourris de leur chair & ſang propres, & ſoient multipliez par leur ſemençe à l'infiny, & encores que par charité ie voulusse bien t'en dire dauantage de peur neantmoins de passer les bornes que Dieu m'a limitées. Ie n'en parleray pas dauantage, ny plus amplement, craignant que l'on abuse des grands dons de Dieu, & que ie sois l'autheur & cause de tant de meschancetez qui se commettroiét d'encourre l'ire diuine, & ne sois condamné auec les meschans, aux peines eternelles.

Mon amy, si ces choses sont si obscures que tu n'y puisse rien comprendre, ie t'enseigneray encores ma practique, par le moyen de laquelle i'ay faict, auec l'ayde de Dieu la pierre occulte, considere là diligemment, prens bien garde aux douze Clefs, & les lis plus d'vne fois, puis trauaille selon que ie t'ay instruict, à la verité elle est vn peu obscure, mais au reste fort exacte.

Prens de bon or, mets le en pieces, & le dissoults comme enseigne la nature aux amateurs de science, & le reduits en ses premiers principes, comme le Medecin a de coustume de faire dissectió d'vn corps humain pour connoistre ses parties interieures, & tu trouueras vne semence qui est le commencement, le milieu & la fin de l'œuure, de laquelle nostre or & sa femme sont produicts, sçauoir est vn subtil & penetrant esprit, vne ame delicate, nette & pure, & vn Sel & bausme des Astres, lesquels estans vnis ne font qu'vne liqueur & eauë Mercurialle.

L'on mena cette eau au Dieu Mercure son pere, pour estre examinée, & la voulut espouser, & de fait l'espousa, & se fit d'eux deux vne huille incóbustible, puis Mercure deuint si orgueilleux & superbe, qu'il ne se reconnut plus pour ſoy meſme, mais ayant ietté ſes aiſles d'Aigle, il deuora ſa queuë gliſſante d'vn dragon, & declara la guerre à Mars, incontinẽt Mars ayant aſſemblé ſa compagnie de cheuaux legers, fit prendre Mercure, le mit priſonnier, & conſtitua Vulcan pour Geollier de la priſon, iuſqu'à ce qu'il fuſt derechef deliuré par le Sexe feminin.

Tout auſſi toſt que le bruit fut ſceu par le pays, les autres Planettes s'aſſemblerent & conſulterent de ce qui eſtoit de faire doreſnauant, afin que tout fuſt gouuerné auec prudẽce & maturité de conſeil, alors Saturne auec vne grauité nompareille commença en cette façon à dire le premier ſon aduis.

Moy Saturne, le plus haut des Planettes, confeſſe & proteſte deuant vous que ie ſuis le moindre de toutes, ayant vn corps foible & corruptible, de couleur noire, subjet à toutes les aduersitez de ce miserable monde: C'est moy toutesfois qui esprouue toutes vos forces, pource que ie ne sçaurois demeurer en vne place, & m'enuollant i'emporte tout ce que ie trouue de semblable à moy: Ie ne rejette la faute de cette mienne calamité sur autre que sur Mercure, qui par sa negligence & peu de soing, m'a causé tous ces malheurs: C'est pourquoy ie vous prie, & coniure toutes, de prendre sur luy vengeance de cette mienne misere; & pource qu'il est desia en prison, que vous le mettiez à mort, & le laissiez tellemēt corrompre & pourrir, qu'il ne luy reste aucune goutte de sang.

Apres Saturne, se vint à leuer Iupiter tout chenu & cassé de vieillesſe, lequel ayant fait la reuerence, & eſtendu ſon ſceptre, ſalua chacun ſelon ſa qualité, & ayant faict vne petite preface, loüa l'aduis de ſon compagnon Saturne, & voulut que tous ceux qui ne trouueroient pas bonne cette opinion fuſſent proſcripts & exilez, & ainſi finit ſon diſcours.

Par apres s'aduança Mars auec vne eſpée nuë diuerſifiée d'admirables couleurs (vous euſſiez dit qu'elle eſtoit entrelaſſée comme de miroirs iettans feu & flamme, à cauſe des rayons eſpars çà & là ſortantes d'icelle) & la donna à Vulcan Geollier de la priſon, pour executer la ſentence prononcée, & reduire en poudre, les os de Mercure, apres qu'il ſeroit mort: Vulcan luy obeït incontinent comme executeur de Iuſtice, preſt à faire ce qu'on luy commanderoit.

Or apres que Vulcan se fust acquis de son deuoir, l'on veit venir comme vne belle femme blanche, & vestuë d'vn habit à femme, long, de couleur grise & argentine, tissu & entrelassé de beaucoup d'eauës, & apres l'auoir les assistans considerée de plus prés, ils connurent tous que c'estoit la Lune, l'espouse du Soleil, laquelle se ietta à leurs pieds, & apres plusieurs souspirs accompagnez de larmes, auec vne voix tremblante & entrecouppée de beaucoup de sanglots, pria instamment que l'on deliurast le Soleil son mary, emprisonné par la fraude & tromperie de Mercure, qu'il faudroit autrement qu'il perist auec Mercure, ja condamné à mort par le iugement des autres planettes: Mais Vulcan sçachant bien ce qu'il auoit à faire, & ce qui luy auoit esté ordonné, boucha l'oreille à ses prieres, & ne cessa d'executer la sentence sur ses pauures criminels, iusques à ce que vint Venus vestuë d'vne robbe bien rouge, doublée de vert, extrememement belle de visage, auec vne voix douce & courtoise, vne contenance & façon de faire du tout agreable, portant vn bouquet de fleurs odoriferantes, qui à cause de l'admirable diuersité de couleurs qu'elles auoiét, apportoient vn merueilleux contentement aux hommes: Elle pria en langue Caldaïque Vulcan, qu'il deliurast le Soleil, & le fist ressouuenir qu'il deuoit estre rachepté & deliuré par le Sexe feminin, mais tout cela pour neant, car il auoit les oreilles bouchées.

Comme ils parloient ensemble, le Ciel s'ouurit, & en sortit vn grand animal auec, & vne infinité de petits, lequel tua Vulcan, & à gueulle ouuerte deuora la noble Venus qui prioit pour luy , & cria à haute voix , les femmes m'ont engendré, les femmes ont semé & espars par tout ma semence , & en ont remply le monde , & leur ame est vnie auec moy , c'est pourquoy aussi ie viuray de leur sang ; ayant dict cela à haute voix, il se retire, accópagné de tous ses petits, & cela se fit par tant de fois que tout le monde en fut remply.

Tout cecy s'estant passé de la façon , plusieurs doctes gens du pays s'assemblerent & se mirent ensemble à chercher le moyen de connoistre ce mystere, pour auoir plus parfaicte connoissance de ce fait , mais ne s'accordant point ensemble, ils se trauailloient pour neant , iusques à ce que l'on veit venir vn vieillard, qui auoit la barbe & cheueux aussi blancs que neige, il estoit vestu d'escarlatte depuis les pieds iusques à la teste, auec vne couronne d'or, entrelassée de pierres precieuses de grand valeur. En outre il estoit ceint d'vne ceinture de toute gloire & bon-heur, & marchant nuds pieds, il parloit par vn singulier esprit qui estoit en luy, ses paroles penetroient tout son corps, & de telle façon que son Ame s'en sentoit, cét homme s'esleuoit vn peu plus haut que les autre, & faisoit faire silence aux assistãs, & pource qu'il estoit enuoyé du Ciel pour leur declarer & expliquer par discours physique la susdite parabole & enigme, il les admonestoit de prester les oreilles ouuertes, & l'escouter patiemment.

Ayant donc obtenu silence, il commença ainsi son discours; Esueille toy peuple mortel, & regarde la lumiere, de peur que les tenebres & obſcuritez ne te trompent, les Dieux du bon heur, & les grands Dieux m'ont reuelé cecy en dormãt! ô qu'heureux eſt celuy qui a les yeux eſclairez pour voir la lumiere qui luy eſtoit cachée auparauant, il s'eſt leué par la bonté des Dieux deux eſtoilles aux hommes, pour chercher la vraye & profonde ſageſſe: regarde les & marche à leur clarté, pource que l'on y trouue la ſageſſe.

Vn oyſeau Meridional viſte & leger arrache le cœur du corps d'vn grand animal d'Orient, l'ayant arraché le deuore baille auſſi des aiſles à l'animal d'Orient afin qu'ils ſoient ſemblables, car il faut que l'on oſte à la beſte Orientale ſa peau de Lyon, & que derechef ſes aiſles diſparoiſſent, & qu'ils entrent dans la grand mer ſalée, & en ſortent derechef, ayant pareille beauté; alors iette ſes eſprits remuans dans vn puits bien creux ou l'eau ne tariſſe iamais, afin qu'ils luy ſoient rendus ſemblables, comme leur mere qui y eſt cachée, & en a eſté composée, & pris ſa naiſſance des trois.

L'Hongrie m'a premierement engendré, le Ciel & les Aſtres me nourriſſent, la terre m'alaicte : Et bien que ie meure & ſois enterré, ie prens neantmoins vie & naiſſance par Vulcan, c'eſt pourquoy l'Hongrie eſt mon pays, & la terre qui contient toutes choſes eſt ma mere: Les aſſiſtans ayans entendu cela, il commença encores à parler.

Faicts que ce qui eſt deſſus ſoit deſſous, que le viſible ſoit inuiſible, le corporel incorporel, & faicts derechef que ce qui eſt deſſous ſoit

deſſus,

dessus, l'inuisible rendu visible, & l incorporel corporel? & de cela depend entierement toute la perfection de l'Art, où neantmoins habite la mort & la vie, la generation & corruption : c'est vne boulle ronde où se tourne l'inconstante rouë de fortune, & apporte aux hommes diuins toute sagesse & bon-heur, l'on l'appelle de son propre nom toutes choses; Dieu seul toutesfois est souuerain, & a seul commandement sur les choses eternelles.

Or celuy qui sera curieux de sçauoir ce que c'est que toutes choses dans toutes choses, qu'il face à la terre de grãdes aisles, & la rencogne & presse tellement quelle monte en haut & vole par dessus toutes les montagnes, iusques au firmament, alors qu'il luy couppe les aisles à force de feu, afin qu'elle tombe dans la mer rouge & s'y n'oye, puis face calmer la mer, & desseiche ses eauës par feu, & par air, afin que la terre renaisse: & en verité il aura tout dans toutes choses, & s'il ne le peut trouuer, qu'il regarde dans son propre sein, & cherche & visite tout ce qui est alentour de luy, & en tout le monde, il trouuera tout dans tout ce ce qui n'est rien autre chose qu'vne vertu stiptique & astringente des metaux & mineraux, prouenans du Sel & du Soulfre, & deux fois née du Mercure: Ie te iure que ie ne sçaurois te declarer plus amplement toutes choses dans toutes choses, veu que toutes choses sont comprises en toutes choses.

Ayant acheué ce discours, mes amis (dit-il) ie croy qu'en attendāt ainsi la sagesse, vous auez appris & colligé de cette mienne harangue, de quelle matiere, & par quel moyen vous deuez faire la Pierre precieuse des anciens Philosophes : Or cette nostre Pierre ne guarit pas seulemét les Metaux lepreux & imparfaicts, & par regeneration les reduict & conuertit en vne nature du tout accomplie ; mais aussi conseruant la santé des hommes, & les faict viure longuement : & par sa celeste vertu m'a conduict à telle vieillesse que m'ennuyant de viure si longuement ie voudrois des-ja quitter le monde.

A Dieu en soit la loüange, l'honneur, la vertu, la gloire, aux siecles des siecles, pour la grace & sagesse qu'il y a si long-temps qu'il m'a de sa liberalité donnée. Ainsi soit-il.

Ayant dit cela, il disparut de leurs yeux & s'enuolla en l'air. Ces choses estant passées de la façon, chacun s'en retourna d'où il estoit venu, & banda tout chacun son esprit, & opera selon la sagesse que Dieu luy auoit donnée.

Fin de l'Auant-propos & premier Liure.

LIVRE SECOND CONTENANT LA PREMIERE CLEF DE l'œuure des Philosophes.

CHAPITRE I.

De la preparation de la premiere matiere.

SCaches mon amy, que tous corps immondes & lepreux ne sont propres à nostre œuure, car leur lepre & impureté, non seulement ne peut rien produire de bon, mais aussi empesche que ce qui est propre puisse produire.

Toute marchandise de marchand

tirée des minieres est venduë chacune à son prix ; mais lors qu'elle est falsifiée, elle est réduë inutile, pource qu'elle est gastée, & n'estant pas semblable à la naturelle, elle ne peut faire les operations deuës.

Comme le Medecin purge le dedans du corps & nettoye de toutes les ordures, par les medicaments, tout de mesme aussi, nos corps doiuent estre purgez & nettoyez de toutes leurs impuritez, afin qu'en n'ostre generation, ce qui est parfaict puisse exercer des operations parfaictes, car les sages demandét vn corps net, point souillé ny contaminé par la presence d'vn corps impur, pource que le meslange des choses estranges est la lepre & la destruction de nos metaux.

Que la couronne du Roy soit d'or tres-pur, & que l'on luy ioigne la chaste espouse: Si donc tu veux operer en nos matieres, prés vn loup affamé & rauissant, subjet à cause de l'etimologie de son nom au guerrier Mars, mais de race tenant de Saturne, comme estant son fils.

L'on le trouue dans les vallees & montagnes tousiours mourant de fin: Iette luy le corps du Roy, afin qu'il s'en soulle, apres qu'il l'aura mangé iettes le dans vn grand feu pour y estre du tout consommé, & le Roy sera deliuré: Apres que tu auras fait cela trois fois, le Lyon aura du tout surmonté le Loup, & le Loup ne pourra plus rien consumer du Roy, & nostre matiere sera preparée & preste à commencer l'œuure.

Et apprends que ce n'est que par ce chemin là que l'on peut operer nos matieres pures, car l'on laue &

purge le Lyon du ſang du loup, & la nature du Lyon ſe delecte merueilleuſement en la teinture du Loup, pource qu'il y a vne grande affinité & comme parentage entre le ſang de l'vn & de l'autre; Quand donc le Lyon ſe ſera ſoullé & ſon eſprit fortifié, ſes yeux reluyront & eſclaireront comme le Soleil, & ſera ſa force interieure bien grande & de grand profit & vtilité à tout ce que vous voudrez, & apres qu'il aura eſté deuëment preparé, ſeruira de grand remede aux Epileptiques, & autres detenus de grieſue maladie: & dix lepreux le ſuiurót voulant boire de ſon ſang, & tous ceux qui ſont malades, quelque mal qu'ils ayent, ſe plairont grandement en ſon eſprit: Bref tous ceux qui beurót de cette fontaine decoulãte d'or ſeront rendus ioyeux de corps &

d'esprit, iouyront d'vne santé parfaicte, sentiront vn restablissement de leurs forces, restauratió de son sãg, confortement de cœur, & entiere disposition de tous leurs membres, tant au dedans qu'au dehors, pource qu'elle conforte les nerfs, & ouure les conduits pour chasser les maladies, & introduire en leur place la santé.

Mon amy, prens garde diligément à ce que la fontaine de vie soit trespure, & ne se meslequ'elqu'autre eau estrangere auec icelle, de peur qu'il ne s'engendre vn monstre, & que le salutaire poisson ne se change enuenimeux poison, & si l'on a adiousté quelque eau forte & corosiue pour dissoudre les matieres, que l'on l'oste, & que lon l'aue diligemment toute force corrosiue, car nulle acrimonie & corrosion n'est propre à donner la fuitte aux maladies, pource qu'elle penetre, mais auec destruction & corruption du subiet, & engendre bien dauãtage de maladies, & combien que l'on puisse pousser vne cheuille par vne cheuille, de mesme il nous faut chasser le poison par le poison, il faut neãtmoins que nostre fontaine en soit totalement purgee, & du tout renduë exempte de corrosion.

L'on couppe tout arbre qui n'apporte pas de bon & odoriferãte fruit & on ente sur le tronc vne meilleure greffe, cela faict, le tronc produit vn rameau, & de là se fait vn arbre fructifiãt, selon le desir du iardinier.

Le Souuerain, voyage par six villes celestes, il faict sa residence en la septiesme, pource que son palais Royal y est orné & embelly d'or, & de bastiments dorez.

Si tu entends ce que ie viens de dire, tu as ouuert la premiere porte de la premiere Clef, & as passé la premiere barriere, mais si tu n'y voy encores goutte, & ne vois aucune clarté, tu auras beau manier & regarder le verre, cela ne te seruira de rien, & ne t'aydera aucunemét la veuë corporelle, pour trouuer à la fin ce qui te manque au commencement, car ie ne parleray pas dauantage de cette Clef, comme m'a enseigné Luce Papirius.

LIVRE SECOND, contenant la seconde Clef de l'œuure des Philosophes.

CHAPITRE SECOND

L'On trouue dans les Cours des Princes diuerses sortes de boiftes & breuuages, & n'y a pas vn semblable à l'autre, en odeur, couleur& gouſt, car ils ſont preparez de diuerſes façons: & toutesfois à diuerſes fins, &eſt neceſſaire pour entretenir & bailler à diuerſes ſortes de gens.

Quand le Soleil darde & eſpand ſes rayons par entre les nues, l'on dit communément, le Soleil attire à ſoy l'eau, c'eſt pourquoy nous aurons de la pluye, & ſi cela ſe fait ſouuent, il s'enſuit preſque touſiours vne annee fertile.

Pour baſtir vn ſuperbe & magnifique logis l'on a beſoing de beaucoup d'architectes, & neant moins deuant qu'il ſoit acheué & embelly comme il faut, car le bois ne peut pas ſuppleer au deffaut de pierre.

Les pays contigus & proches voiſins de la Mer ſont enrichis par le flus& reflus d'icelle, causé par la simpathie & influence des corps celestes, car à chaque reflus elle ne leur ameine pas peu de biens, mais grande quantité de pretieuses richesses.

L'on habille vne fille à marier de beaux & riches vestemens, afin que son espoux la trouue belle, & la voyant ainsi parée, en deuienne amoureux, mais quand ils doiuent coucher ensemble, l'on luy oste toutes ses sortes d'habits, & ne en laisse-on pas vn que celuy qu'elle a apporté de sa naissance, & du ventre de sa mere.

Tout de mesme aussi quand on doit marier nostre espoux Appollon à sa Diane; l'on leur doit faire diuerses sortes de vestemens, leur lauer diligemmét la teste, & mesme tout le corps, auec de l'eau qu'il faudra preparer auec beaucoup de distillations, car il y a de plusieurs sortes d'eauës, pource que les vnes sõt plus excellentes,&les autres moins,&selon que le requiert leurs diuerses vsages presque tout de mesme, comme i'ay dit que l'on se sert de diuerses sortes de breuuages és Cours des Princes & Seigneurs.

Et sçache que si quelques vapeurs & nuages s'esleuent de la terre,& s'amassent en l'Air, qu'elles retombent à cause de la pesanteur naturelle de l'eau,& que la terre reçoiue derechef son humidité perduë, de laquelle elle se delecte & nourrit, & par laquelle elle est renduë plus propre à produire son fruict: c'est pourquoy l'on doit reïterer ses preparations d'eauës par beaucoup de distillations; de façon que la terre soit souuent imbuë de son humeur, & telle humeur autant de fois tiree, comme l'Euripe laiſſe ſouuent la terre à ſec, & puis y retourne touſiours iuſques à ce qu'il aye acheué ſon cours ordinaire.

Quand donc le palais Royal ſera baſty auec bien de la peine, & paré auec grand ſoing, & que la mer de verre l'aura par ſon flux & reflux enrichy de beaucoup de richeſſes, le Roy y pourra ſeurement entrer & loger.

Mais, mon amy, prends garde que ne ſe face la conionction du marié auec ſon eſpouſe, qu'apres auoir oſté tous leurs habits & ornements, tant du viſage que de tout le reſte du corps, afin qu'ils entrẽt dans le tombeau auſſi nuds comme quand ils ſont venus au mõde, de peur que leur demeure ne ſe rende pire, & ne ſe gaſte par le meſlange de quelque choſe eſtrangere.

Ie te veux encore apprendre ce-cy, comme par dessus, que la precieuse eau de laquelle il faut lauer le Roy, se doit faire auec grand soing & industrie, par la luitte & combat de deux champions (i'entends de deux diuerses matieres) car l'vn deux doit donner le deffi à l'autre, pour se rendre plus prompts & encouragez à remporter la victoire, car il ne faut pas que l'Aigle seul face son nid au sommet des Alpes, pource que ses petits mouroient à cause des Neiges qui couurent le haut d'icelles : Mais si tu ioincts vn horrible dragó qui est tousiours dãs les cauernes de la Terre, & a esté hoste perpetuel des Montagnes froides, & couuertes de neige, Pluton soufflera de telle sorte, qu'en fin il chassera du froid dragon vn esprit volant & ignee, qui par la violence de sa de ſa chaleur bruſlera les aiſles de l'Aigle, & iettera vne chaleur par ſi long temps, que la neige qui eſt au haut des montagnes ſoit fonduë & reduicte en eau, afin de bien & deuëment preparer vn bain minéral propre & grandement ſain au Roy.

TROISIESME CLEF DE l'œuure des Philoſophes.

CHAP. III.

LE feu peut eſtre eſtouffé & eſtainct par l'eau, & beaucoup d'eau verſée ſur vn peu de feu ſe réd maiſtreſſe d'iceluy, ainſi noſtre Soulfre ignée doit eſtre faict, moderé, vaincu & obtenu par l'eau deuëmét, par apres ſa force ignée ſurmonter

& dominer les eauës se retirant: Mais l'on ne sçauroit icy remporter la victoire, si le Roy n'a empreint sa vertu & sa force à son eau, & ne luy aye baillé vne clef de sa liurée & couleur Royalle, pour par elle estre dissoulte & rẽdu inuisible, il doit neantmoins derechef paroistre & venir à veuë: Et bien que cela ne se puisse faire qu'auec dõmage & lezion de son corps, cela se fera toutesfois auec augmentation de sa nature & vertu.

Vn peintre peut mettre vne autre couleur sur vn blanc iaulnastre, vn iaulne rougeastre & vn vray rouge, & bien que toutes ses autres couleurs demeurent ensemble, la derniere neantmoins est là plus en veuë, & tient le premier rang par dessus les autres: Il faut faire de mesme en nostre magistere, quand tu l'auras faict, sçaches qu'il s'est leué la lumiere de toute sagesse, qui resplendit mesme dans les tenebres, & toutesfois ne brusle pas & n'est pas bruslée, car nostre soulfre ne brusle pas & n'est pas bruslé, encores qu'il espande & darde sa lumiere bien au long, & ne teint point s'il n'est auparauant preparé, & teint de sa propre teinture, pour par apres pouuoir teindre les metaux malades & imparfaicts : Et ce soulfre ne peut teindre si l'on ne luy baille & empreint viuement cette couleur, car jamais le plus foible ne remporte la victoire, pource que le plus fort luy oste, & le plus foible est contrainct de la quitter au plus fort.

Parquoy, tire de ce que ie t'ay dict, cette consequence, que le foible iamais ne peut rien forcer ny ayder le foible, & qu'vne matiere cõbustible ne peut preseruer d'embraſement vne autre comme elle combuſtible : Si l'on a donc beſoin de protecteur pour deffendre la matiere combuſtible, tel protecteur doit neceſſairement auoir plus de force & de vertu que ſa partie qu'il a à deffẽdre, & eſtant hors de tout danger d'incombuſtion doit par ſa vertu naturelle viuemẽt reſiſter au feu : Quiconque voudra preparer noſtre ſoulfre incombuſtible qu'il le cherche dans vne matiere où il eſt incombuſtiblement incombuſtible : Ce qui ne ſe peut faire deuant que la mer ſalée aye engloury vn corps, & iceluy reietté, qui ſoit ſublimé iuſques à tel degré qu'il ſurmonte de beaucoup en ſplendeur les autres Aſtres, & ſon ſang ſoit tellement augmẽté & perfectionné, qu'il puiſſe, comme le Pelican bequetant ſa poictrine ſans faire aucun tort à ſa ſanté, & ſans aucune incommodité des autres parties de ſon corps, nourrir de ſon ſang propre tous ſes petits : C'eſt cette Roſée des Philoſophes, de couleur pourprine, & ce ſang rouge du dragon, duquel ont parlé & eſcrit tous les Philoſophes : C'eſt cette eſcarlate de l'Empereur de noſtre Art, de laquelle eſt couuerte la Royne de ſalut, & ce pourpre duquel tous les metaux froids & imparfaicts ſont eſchauffez & rendus du tout accomplis.

C'eſt ce ſuperbe manteau, auec le ſel des Aſtres, qui ſuit ce ſoulfre celeſte, gardé ſoigneuſement de peur qu'il ne ſe gaſte, & les faict voller comme vn oyſeau, tant qu'il ſera beſoin, & le Cocq mangera le Renard, & ſe noyera & eſtouffera dans l'eau, puis reprenant vie par le feu ſera (afin de ioüer chacun leur tour) deuoré par le Renard.

QVATRIESME CLEF de l'œuure des Philoſophes.

CHAPITRE IIII.

TOute chair née de la terre ſera diſſoulte, & retournera en terre, afin que ce ſeul terreſtre aydé par l'influence des Cieux, face leuer vn nouueau germe, car s'il ne ſe faict aucune terre, il ne ſe pourra auſſi faire aucune reſurrection en noſtre œuure, pource que le baulme de nature eſt caché en la terre, comme auſſi le Sel de ceux qui y ont cherché la connoiſſance de toutes choſes.

Au iour du iugement le monde ſera iugé par le feu, & ce qui a eſté faict de rien, sera par le feu reduict en cendre, de cette cendre renaistra vn Phœnix, car en icelle est caché le vray tartre, duquel estant dissoult l'on peut ouurir les plus fortes serrures du palais Royal.

Apres l'embrasement general, il se fera vne nouuelle terre, & de nouueaux Cieux, & vn homme nouueau, bien plus splendide & glorieux qu'il n'estoit lors qu'il viuoit au premier monde, pource qu'il sera clarifié.

De cendres & de sable decuit au feu, se fait par vn verrier, du verre à l'espreuue du feu, & de couleur semblable à de claires pierreries, & l'on ne l'estime plus pour cendres, l'ignorant attribuë cela à grãde perfectiõ, mais non pas l'homme docte, d'autant que cela luy est par la longue experience & connoissance qu'il en a rendu trop familier & coustumier.

L'on change les pierres en chaulx propre à beaucoup de choses , & deuant que la chaux soit faite par le moyen du feu , ce n'est autre chose que pierre, de laquelle on ne se peut seruir au lieu de chaux , mais elle se cuit par le feu, & receuant de luy vn haut degré de chaleur , acquiert vne telle vertu propre que l'esprit ignée de la chaux est venu à sa perfection, qu'il n'y a rien qui luy puisse estre accomparé

Toute chose reduicte en cendres monstre & met en veuë son Sel : Si tu sçais en sa dissolution garder separément son Soulfre & son Mercure, & d'iceux redonner auec industrie ce qu'il faut donner au Sel, il se pourra faire le mesme corps que deuant sa dissolution: Ce que les sages de ce monde appellent folie, & reputent à mensonge, & crient qu'il est impossible à l'homme pecheur de faire vne nouuelle creature, ne prenant pas garde que ç'a esté auparauant vne creature, & que l'artiste faisant demonstration de sa science, a seulement multiplié la semence de la nature.

Celuy qui n'a point de cendres ne peut faire de Sel propre à nostre œuure, car elle ne sçauroit se faire sans Sel, pource qu'il n'y a rien que luy qui baille de la force à toutes choses.

Tout ainsi que le Sel conserue toutes choses, & les contregarde de pourriture, de mesme le Sel des Philosophes deffend & preserue tous les metaux qu'ils ne puissent estre du tout destruicts ou reduicts tellemét à neant, qu'ils ne se puissent derechef faire quelque chose, sans que se meure aussi le baulme & l'esprit du Sel qu'ils ont, car en ce cas il demeureroit seulement vn corps mort qui ne pourroit plus seruir à rien, pource que les esprits metaliques le quitteroient, lesquels estans ostez & perdus par la mort naturelle, lairroient leur domicile vuide & mort, & auquel l'on ne pourroit plus remettre de vie.

Mais, mon amy, sçaches que le Sel prouenant des cendres a pour le plus souuent vne vertu occulte, il ne peut neantmoins seruir de rien si son dedans n'est tourné au dehors, car il n'y a que l'esprit qui donne la vie & la force ; Le corps ne peut rien seul : Si tu peux trouuer cét esprit, tu auras le Sel des Philosophes, & l'huille vrayement incombustible tant renommée dans les liures des anciens sages.

Si deuisans à moy le nombre tu doublois,
Si qu'auec eux m'emporter tu voulusse,
Peu toutesfois de Sages trouuerois
Qui ma vertu & ma force connusse.

CINQVIESME CLEF DE l'œuure des Philosophes.

CHAPITRE V.

LA vie qui est cachée dans la terre produict choses qui prennent naissance d'icelle, quiconque donc dict que la terre n'est point animée, est menteur, car ce qui est mort ne peut rien dóner à vn viuant, & n'est susceptible d'aucune chose, pource que l'esprit de vie s'en est enuollé & dissipé : C'est pourquoy l'esprit est la vie & l'ame de la terre, où il demeure & acquiert ses vertus empraintes à la nature terrestre par l'estre celeste & proprietez des Astres: Car toutes les herbes, arbres, racines, metaux & mineraux reçoiuent leur force & nourriture de l'esprit de la terre, pource que c'est la vie que cét esprit qui est nourry des Astres, & substante toutes choses qui croissent sur la terre : Et comme la mere nourrit elle mesme l'enfant qu'elle porte dans son ventre, de mesme la terre produict & nourrit de l'esprit dissolu du Ciel les mineraux qu'elle porte dans ses entrailles.

Ce n'est donc pas la terre qui baille les formes à chaque nature, mais l'esprit de vie qu'elle contient: Et si elle estoit vne fois destituée de son esprit, elle seroit morte, & ne pourroit donner aucun aliment, pource qu'elle manqueroit de l'esprit de son Soulfre qui conserue la vertu vitale ; & qui de sa vertu faict germer toutes choses.

Deux choses contraires demeurent bien ensemble, ils ne se peuuẽt neantmoins bien accorder, car vous voyez que mettant le feu dans la poudre à canon, ces deux esprits desquels elle est composée se separent l'vn de l'autre auec vn grand bruict & violence, & s'enuolant en l'air ne peuuẽt plus estre veus de personne, & ne sçait-on où ils sont allez, & ce qu'ils sont deuenus, si l'on n'a appris quels ils sont, & en quelle matiere ils estoient cachez.

Par là tu connoistras que la vie n'est qu'vn pur esprit, c'est pourquoy tout ce que l'ignorant estime estre mort, doit viure d'vne vie incomprehẽsible, visible neantmoins

& ſpirituelle, & eſtre en icelle conſerué : Si tu veux que la vie coopere auec la vie, ces eſprits ſont alimentez & nourris de roſée du Ciel, & prennent leur extraction d'vn eſtre celeſte elementaire & terreſtre, que l'on nomme matiere ſans forme.

Et tout ainſi comme le fer attire à ſoy l'aymãt par la ſympathie & qualité occulte qui eſt entre eux deux, de meſme il y a dans noſtre or de l'aymant qui eſt la premiere matiere de noſtre pierre precieuſe : Si tu entends cecy, te voyla aſſez riche, & heureux pour toute ta vie.

Ie te veux apporter encores vne exemple dans ce chapitre, regardans dans vn miroir l'on voit la reflection des eſpeces, la meſme reſſemblance de celuy qui regarde, & ſi celuy là veut toucher de la main ſon image, il ne touche que le miroir qu'il a regardé, tout de mesme aussi l'on doit tirer de cette matiere vn esprit visible qui soit neantmoins incomprehensible : Cét esprit est la racine de vie de nos corps, & le Mercure des Philosophes, duquel l'on prepare industrieusement la liqueur de nostre art, que tu rendras derechef materielle, & feras paruenir par certains moyens d'vn degré tres-bas, à vne souueraine perfection d'vne plus parfaicte medecine : Car nostre commencement est vn corps bien lié & solide, le milieu est vn fuyant esprit & vne eau d'or sans aucune corrosion, par le moyen de laquelle les sages ioüissent de leurs desirs en cette vie : Et la fin est vne medecine bien fixe, tant pour le corps humain que pour les corps metaliques, la connoissance de laquelle a esté plustost donnée aux

Anges qu'aux hommes, bien que quelques vns l'ayent euë, qui l'ont demandée instamment & auec prieres continuelles à Dieu, & n'vsent enuers luy & les pauures d'ingratitude.

Et de surcroist ie te dits cecy auec verité, qu'vn trauail doit succeder à vn trauail, & vne operation suiure l'autre, car au commencement l'on doit bien purger & nettoyer nostre matiere, puis la dissoudre, mettre en pieces, & reduire en pouldre, & en cendres, par apres s'en doit faire vn esprit volatil aussi blanc que neige, & vn autre aussi volatil & aussi rouge que sang, ces deux là en contiennent vn tiers; & ce n'est toutesfois qu'vn seul esprit, & ce sont eux trois qui conseruent & prolongent la vie: Conjoincts les ensemble, & leur baille vn boire & manger

ger propre à leur nature, & les tiens en vn lit de rosée, & qu il soit chaud iusques au terme de la generation: Et tu verras quelle science t'a donné Dieu & la nature: Et sçaches que iamais ie ne me suis tant ouuert & allé si loing, que de descouurir tels secrets, & Dieu a plus donné de force & de miracles à la nature que pas vn des hommes à peine puisse croire: Mais il m'a esté donné certaines bornes & limites pour escrire, afin que ceuxqui viendroient apres moy, peussent publier les effects admirables de la nature, lesquels bien que Dieu permette d'en traicter, sont neantmoins, par les ignorans & insensez, estimez illicites & supernaturels: Mais le naturel prend son origine du supernaturel, & toutesfois si tu conioincts toutes ces choses tu ne trouueras rien que purement naturel.

SIXIESME CLEF DE l'œuure des Philosophes.

CHAP. VI.

LE masle sans femelle n'est qu'vn demy corps, comme aussi la femelle sans masle, car estant l'vn sans l'autre, ils ne peuuent pas engendrer & multiplier leurs especes, mais quand ils sont mariez & mis ensemble, ils font vn corps parfaict & accomply, & propre à la generation.

Vn champ par trop ensemensé est rẽdu surchargé & infructueux, & ses fruicts ne peuuẽt paruenir à maturité, ne l'estãt pas aussi assez, il ne vient que biẽ peu de grain, & encores meslé auec beaucoup d'yuraye inutile.

Le marchand qui veut achepter & debiter sa marchandise auec conscience, la baille à son prochain selon le taux de iustice, de peur d'encourir la malediction, mais pour sembler faire plaisir aux pauures.

Beaucoup de monde se noye dans les grandes & profondes riuieres, mais aussi les ruisseaux sont aisément taris & desseichez par la chaleur du Soleil & nous en sommes aisément priuez.

Voyla pourquoy afin d'auoir bonne issuë de ton entreprise, tu prendras garde diligemment à choisir auec prudence, vn certain poids & mesure en la conionction des liqueurs Phisiques, afin que le plus grand ne poise pas plus que le moindre, & qu'estant l'action du moindre debilitée ou empeschée, la generation ne soit aussi retardée, car les trop grandes pluyes ne sont pas bonnes aux fruicts de la terre, & la trop grande sechercsse les aduance par trop tost, & les faict mourir deuant le temps: Puis le bain estant entierement preparé par Neptune; mesure auec grande industrie & diligence ton eau permanente, & prends bien garde à ne faillir, en donnant ou trop ou trop peu.

L'on doit bailler à manger vn Cigne blanc à l'homme double ignée, afin qu'ils se tuent l'vn l'autre, & resuscitét l'vn quant & l'autre, que l'air qui vient des quatre parties du monde occupe les trois parts du logis fermé de cét homme igné, afin que l'on puisse entendre la chair du Cigne, disant son dernier adieu, & le Cigne rosty sera pour la table du

Roy : Et la voix melodieuſe de la Royne plaira grandemẽt aux oreilles du Roy igné, il l'embraſſera amiablement pour la grande affection qu'il luy porte, & ſera repeu d'icelle iuſques à ce qu'ils diſparoiſſent tous deux, & d'eux deux ne ſoit faict qu'vn corps.

Vn ſeul eſt aiſément vaincu & ſurmonté par deux autres, notamment s'ils peuuent exercer leur malice ; propoſe toy donc cela comme vne choſe du tout arreſtée, qu'il eſt beſoin du ſouffle d'vn double vent que l'on appelle *Vulturne ou Sud ſudeſt*, puis d'vn vent ſimple qui ſe nomme *Eurus ou vent de Leuant & du Midy*, apres qu'ils ſe ſeront rapaiſez, & l'air conuerty en eau tu croiras à bõ droict qu'il ſe fera vne choſe corporelle d'vne incorporelle, & que le nombre prendra la domination ſur les quatre ſaiſons de l'année au quatrieſme Ciel ; apres que les ſept Planettes auront l'vne apres l'autre faict le temps de leur domination qu'il acheuera ſon cours dans le bas du Palais, & ſera rigoureuſement examiné, & ainſi les deux auront ſurmonté & mis à mort le ſeul.

Il eſt icy requis vne grande prudence & doctrine, ſi tu deſire acquerir par ton art de grandes richeſſes, afin que ſe face deuëment la diuiſion & conionction : Ne mets pas vn poids faux, & le premier qui ſe rencontreroit par hazard deuant toy : Mais c'eſt icy le vray pilier & fondement de tout le magiſtere, que tu mettes à fin & perfection ce chapitre, par le Ciel de l'art, par l'air, & la terre, vraye eau & feu ſemblable & par conionction & admiſſion de poids, miſe comme ie t'ay auec toute verité enſeigné.

SEPTIESME CLEF DE l'œuure des Philoſophes.

CHAP. VII.

LA chaleur naturelle conſerue la vie de l'homme , eſtant icelle diſſipée & perduë , il eſt de neceſſité qu'il meure.

L'vſage moderé du feu nous deffend des iniures du froid, mais ſi tu en veux vſer outre raiſon & plus qu'il ne faut, il nuit & apporte de la corruption.

Il n'eſt pas beſoin que le Soleil touche la terre de prés de ſon corps & ſubſtance, mais il ſuffit qui luy communique ſa vertu & luy donne des forces, par le moyen de ses rayons dardez en terre, car par leur reflection, il a assez de force pour s'acquitter de sa charge, & par la continuelle concoction fait meurir toutes choses, pource que ses rayons iettent flammes, se dispersant par l'air sont par iceluy temperez, de sorte que le feu, moyennant l'air, & l'air moyennant le feu, s'entr'ayment l'vn l'autre produisant leurs effects.

La terre ne peut rien produire sans l'eau, ny l'eau sans la terre ne peut rien faire germer: Or tout ainsi que l'eau & la terre ne s'entr'aydant point ne peuuent rien engendrer separément, de mesme le feu ne se peut passer de l'air, ny l'air du feu, car ostant l'air au feu, vous luy ostez sa vie, le feu aussi estant esteint, l'air ne peut faire aucune de ses functiōs, ny par sa chaleur viuifier ny consumer la ſuperfluë humidité de l'eau.

Les vignes ont beſoin d'vne plus grande chaleur en Automne, pour aduancer & faire parfaictement meurir les raiſins ja preſque meurs, qu'au commencement du Printemps, & tant plus qu'il a fait chaud en Automne, elles rendent par ce moyen de meilleur vin, & plus delicat, & tant moins il y a eu de chaleur auſſi rapportent elles vn vin qui a moins de force, & qui ſent plus l'eau.

En Hyuer le commun peuple voyant la terre toute gelée & ne pouuant rien produire de verd, eſtime que tout eſt mort, mais venant la primeraine & le froid ſe retirant, vaincu par la chaleur du Soleil qui monte ſur noſtre horiſon, toutes choſes ſemblét reuiure, les arbres & herbes commencent à pouſser, les animaux qui fuyans la dure rigueur de l'Hyuer, s'estans cachez dans les cauernes de la terre sortent de leurs grottes, tout sent bon, & l'agreable & belle diuersité de couleurs & de fleurs faict preuue des vertus & forces de tout ce qui commence à reuerdir, venant par apres l'Esté, de cette varité de fleurs naissent toutes sortes de fruicts, puis suit l'Automne abondant, qui le perfectionne & meurit : C'est pourquoy nous remercions eternellement Dieu, qui a constitué vn si bel ordre, & vne telle suitte és choses naturelles.

Ainsi se suiuent & coulent toutes les saisons, apres vne année vient l'autre, & cela se continuera iusques à ce que Dieu face perir le monde, & que ceux qui possedent la terre soient glorieusement esleuez par le

Dieu de gloire, & mis en honneur; De là cessera toute action de creature terrestre & sublunaire, & au lieu d'icelle viendra vne creature celeste & infinie.

En Hyuer le Soleil faisant sa course bien loing de nous, ne peut pas trauerser ny fondre les grandes neiges, mais s'estant au Printemps approché il eschauffe l'air, & sa force estant augmentée fond la neige, & la resoult en eau, car le plus foible est contrainct de quitter au plus fort.

Il faut aussi aduiser & prudemment gouuerner le feu, de peur que l'humeur de Rosée ne soit desseichée plustost qu'il ne faut, & ne se face vne trop hastiue liquefaction, & dissolution de la terre des Sages: Si tu faicts autrement tu ne peupleras ton viuier que de scorpions au lieu de bon poisson : Si donc tu veux bien mener toutes tes operations, prens l'eau celeste sur laquelle estoit porté & se mouuoit au commencemẽt l'esprit de Dieu, & ferme la porte du Palais Royal, car par apres tu verras le siege mis deuãt la ville celeste par les ennemis mõdains ; C'est pourquoy il faut fortifier & entourer ton ciel de triple muraille, rempart & fossé, & ne laisse qu'vne seule aduenuë ouuerte & libre, bien munie de fortes garnisons : Ayant mis ordre à cela, allume la lumiere de sagesse, & cherche la dragme perduë, & esclaire tant qu'il sera de besoin : Sçaches que les animaux rampans & autres imparfaicts habitent la terre à cause de la froidureuse disposition de leur nature : Mais à l'homme est assigné vn domicile au dessus, à cause de l'excellent temperament de ſa nature: Et les eſprits celeſtes n'eſtans compoſez d'vn corps terreſtre, & ſubjects à pechez & corruption, comme celuy de l'homme, mais d'vn celeſte & incorruptible, ont vn tel degré de perfection, qu'ils peuuent ſans eſtre aucunemét offencez, ſupporter le chaud & le froid, tant au haut qu'au bas : Mais l'homme clarifié ne ſera pas moindre que les eſprits celeſtes, ains à eux du tout ſemblable : Dieu gouuerne le Ciel & la Terre, & faict tout dans toutes choſes.

Si nous gouuernons bien nos amis, en fin nous ſerons enfans & heritiers de Dieu, afin de mettre en executió ce qui nous ſemble maintenant impoſſible, mais cela ne ſe peut faire deuant que toute l'eau ſoit tarie & deſſeichée, & que le Ciel & la Terre, ensemble le genre humain soient iugez & consumez par le feu.

HVICTIESME CLEF DE l'œuure des Philosophes.

CHAP. VIII.

IL ne se peut faire aucune generation ny d'homme, ny d'aucun autre animal sans la putrefaction: & ne peut germer aucune semence iettée en terre, ou quelque chose que ce soit de vegetable, sans que premierement elle se pourrisse: & mesme que beaucoup d'animaux imparfaicts prennent leur vie & origine de la seule pourriture, ce qu'à bon droict l'on doit mettre entre les merueilles de Nature, qui faict cecy, pource qu'elle a caché en terre vne grande vertu productiue qui se leue excitée par les autres elemens, & par l'influence de la semence celeste.

Les bonnes femmes des champs en sçauent bien dõner vn exemple, car elles ne peuuent esleuer vne poulle pour leur petit meslange, sans putrefaction de l'œuf duquel est esclos le petit poulet.

Du pain mis dans du miel naissent des fourmis par la pourriture qu'accueille le miel, ce qui n'est pas aussi petite merueille de nature.

Tout le monde voit tous les iours qu'il s'engendre des vers de chair gastée & pourrie dans le corps des hommes, des cheuaux, & d'autres bestes: Comme aussi les arraignes, des vers & autres vermines, dans les noix pourries, poires & autres fruits semblables: Bref qui est ce qui peut nombrer les especes infinies des animaux insectes & imparfaicts, qui naissent de pourriture & corruption.

Cela se monstre aussi manifestement és plantes, où l'on voit qu'il croist beaucoup de sortes d'herbes, comme orties & autres de la seule pourriture, és lieux mesmes où telles herbes n'ont iamais esté ny semées, ny plantées : La raison en est telle, pource que la terre de tels lieux a vne certaine disposition à produire ces meschantes herbes, & est grosse de leurs seméces infuses des corps celestes dans ses entrailles, & excitée par leur propre pourriture à germer & reuerdir, lesquelles semences venant à ayder le concours des autres elemens, produisent vne substáce corporelle conuenáte en leur nature : Ainsi peuuent les Astres faire

leuer

leuer, par le moyen des Elemens, vne nouuelle ſemẽce que l'on n'aye point encores veuë, laquelle eſtant plantée dans terre & pourrie, peut croiſtre & multiplier, mais l'homme n'a pas la puiſſance& vertu d'enproduire vne nouuelle, car l'on ne luy a pas cõmis le gouuernemẽt des operations elementaires & celeſtes, & s'engendre diuerſes ſortes d'herbes de la ſeule pourriture : Mais d'autant que cela eſt rendu trop familier au peuple par la frequente experience qu'il en a, il ne les conſidere pas plus exactement, & ne ſe pouuant imaginer aucunes cauſes de telles choſes, il penſe que cela ſe fait par accouſtumance, mais toy qui doibs ſçauoir vne ſcience plus releuée, penetre plus auant que le vulgaire, & cherche par raiſons les principes & les cauſes d'où (moyennant la putrefaction) se fait telle vertu vitale, non pas comme la connoist le simple peuple par l'accoustumance, mais comme le doit sçauoir le sage & diligent inquisiteur des effects de la nature, veu que toute vie prouient de pourriture.

Chasque Element est subjet à generation & corruption, c'est pourquoy tout amateur de sagesse doit sçauoir qu'en chacun d'iceux les trois autres sont occultement contenus, car l'air contient en soy le feu, l'eau & la terre, ce qui (quoy qu'il semble incroyable) est neantmoins tres-vray : Ainsi le feu comprend l'air, l'eau & la terre : La terre, l'eau, l'air & le feu; Autrement ne se pourroit faire aucune generation : Bref l'eau enclost en soy la terre, l'air & le feu, autrement elle ne seroit pas propre à produire chose aucune, &

bien que chaque Element ſoit diſtingué formellement de chacun des autres ; ce n'eſt pas à dire que pour cela ils ſoient ſeparez d'enſemble, comme il ſe voit clairement en la ſeparation des Elemens par diſtillation.

Or afin que l'ignorãt n'eſtime mon diſcours friuol & ne ſeruant à rien, ie te le veux demonſtrer par preuues ſuffiſantes : Apprens donc, toy qui és curieux de ſçauoir la diſſection & anatomie de la nature, & la ſeparation des Elemẽs, qu'en la diſtillation de la terre, l'air comme eſtant plus leger que les deux autres, ſe diſtille le premier, puis apres l'eau ; le feu à cauſe de ſa nature ſpirituelle commune à l'vn & à l'autre, & naturelle ſympathie, eſt conjoinct auec l'air, la terre demeure au fonds & contient le Sel de gloire : En la diſtillation de l'eau, le feu & l'air ſortent les premiers, puis l'eau, la partie terreſtre demeure touſiours au fonds: De meſme du feu reduict en ſubſtance viſible & plus materielle que de couſtume, l'on en peut tirer le feu, l'air, l'eau & la terre, & les conſeruer à part: Semblablement l'air eſt és trois autres, pas vn d'iceux ne ſe pouuant paſſer de luy, la terre n'eſt rien, & ne peut rien produire ſans l'air; Le feu ne peut bruſler & n'y viure ſans luy: L'eau manquant de l'air ne cauſe aucune generation: Outre plus l'air ne conſume rien & ne deſſeiche aucune humidité ſans chaleur naturelle: Se trouuāt donc vne chaleur dans l'air, par conſequent il y doit auoir du feu, car tout ce qui eſt de nature chaude & ſeiche, doit auſſi participer de la nature du feu; C'eſt pourquoy tous les quatre elements doiuent estre conjoincts ensemble, & ont tousiours le soin l'vn de l'autre : Aussi voit-on qu'ils sont meslez ensemble en la production de toutes choses : Celuy qui contredict à telle doctrine, n'a iamais entré dans le cabinet de la Nature, & n'y visite ses plus cachez secrets.

Sçaches que ce qui naist par putrefaction est ainsi engendré: La terre se corrompt aucunement à cause de l'humeur qu'elle a, qui est principe de putrefaction, car rien ne peut pourrir sans humeur : A sçauoir sans l'element humide de l'eau ; Or si la generation doit prouenir de pourriture, elle doit estre excitée par la chaleur qui se rapporte à l'element du feu, car rien ne peut venir au monde sans chaleur naturelle : pour conclusion si la chose qui doit estre produicte a besoin d'esprit vital &

de mouuement, il luy faut aussi de l'air, car s'il ne cooperoit point auec les autres, & ne faisoit sa function, la generation ou plustost la matiere de la chose qui doit estre produite s'estoufferoit elle mesme par faute d'air; & la generation se feroit de rechef corruption, en suitte dequoy cela est plus clair que le iour, que les quatre elemens sont grandement necessaires en toute generation : & dauantage qu'vn chacun d'eux faict voir clairement ses forces & operations en chacun des autres, mais principalement en la corruption, car sans elle rien ne peut & ne pourra iamais venir au monde : & tiens cela pour arresté que les quatre elemens sont requis à toute production de quelque chose que ce soit.

L'on doit connoistre par là qu'Adam que Dieu crea du limon de la terre, n'exerça aucune action vitale, & ne vescut point iusques à ce que Dieu luy eust soufflé le souffle & esprit de vie, & qu'iceluy infus il commença tout aussi tost à viure: Le Sel, c'est à dire, son corps se rapportoit à la terre, l'air inspiré estoit le Mercure, c'est à dire l'esprit, & le souffle de l'inspiration luy donnoit tout aussi-tost vne chaleur vitale, & s'estoit le soulfre, c'est à dire le feu, aussi-tost Adam commença à se mouuoir, & donna par ce mouuement vn assez suffisante preuue d'vne ame viuante, car le feu ne peut pas estre sans l'air, ny au contraire l'air sans le feu, l'eau estoit meslée à tous deux esgallement & proportionnément ensemble.

Adam fut donc premierement composé de terre, d'eau, d'air & de feu, apres d'ame, d'esprit & de corps, puis de Mercure, de Soulfre & de Sel.

Eue ſemblablement la premiere femme, & noſtre premiere mere participa de toutes ces choſes, car elle fut tirée & produicte d'Adam qui en eſtoit compoſé: Remarque cela que ie viens de dire. Or afin de retourner à mon propos de la putrefaction: il faut que tout amateur & inquiſiteur de ſageſſe tienne cela pour certain, que ſemblablement aucune ſemence metalique ne peut operer, & ne peut eſtre aucunement multipliée, ſi elle n'a eſté entierement pourrie de ſoy meſme, & ſans meſlange d'aucune choſe eſtrangere; & comme nulle ſemence vegetable ou animale ne peut (comme il a eſté dict cy deſſus) eſtẽdre & multiplier ſon eſpece ſans putrefactiõ, de meſme en faut il iuger des metaux:

Et cette putrefaction ſe doit faire par les operations des elemens, non pas qu'ils ſoient (comme j'ay deſ-ja enſeigné) leur ſemence, mais pource que la ſeméce metalique prenant ſa naiſſance d'vn eſtre celeſte, aſtral & elemẽtaire, & eſtant reduict en vn corps ſenſible, doit eſtre putrifié par le moyen des elemens.

Dauantage, remarque que le vin a vn eſprit volatil, car en le diſtillant l'eſprit ſort le premier, le phlegme le dernier, mais eſtant par chaleur continuë tourné en vinaigre, ſon eſprit n'eſt plus ſi volatil, car en la diſtillation du vinaigre, le phlegme aqueux monte le premier au haut de l'alembic, & l'eſprit le dernier, & bien que ce ſoit vne meſme matiere en l'vn & en l'autre: il y a bien neantmoins d'autres qualitez au vinaigre qu'au vin, pource que le vinaigre n'eſt plus vin, mais vne pourriture du vin, qui par la continuelle chaleur s'est changé en vinaigre, & tout ce qui est tiré par le vin ou par son esprit, & rectifié dans vn vaisseau circulatoire à bien d'autres forces & operations que ce qui est tiré par le vinaigre: Car si on tire le verre de l'Antimoine, par le vin ou par son esprit, il est trop laxatif & purge auec trop de vehemence par en haut, d'autant que sa vertu veneneuse n'estant pas surmontée & estainte, il est encores entre les bornes du poison; mais si on le tire par vinaigre distillé, ce qui en viendra sera de belle couleur, puis si tirant le vinaigre par le Bain marie l'ō laue la poudre iaune qui demeure au fōds, versant beaucoup de fois de l'eau cōmune dessus, & autāt de fois la retirāt & que l'on oste toute la force du vinaigre, il se faict vne poudre douce qui ne lasche pas le ventre comme deuant: Mais qui est vn excellent remede qui guarissant beaucoup de maladies, est à bon droict reputé entre les merueilles de la Medecine.

Cette poudre mise en lieu humide se resoult en liqueur, qui sans faire douleur aucune confere grandemẽt aux maladies externes: cela suffize.

Bref en cecy consiste tout le principal de ce chapitre, sçauoir est que vne creature celeste, la vie de laquelle est nourrie des Astres, & alimentée des quatre elemens meure: puis se putrifie, apres cela, les Astres, moyennant les Elemens qui ont cette charge, redonneront derechef la vie à ce corps pourry, afin qu'il s'en face vn celeste qui prendra sa plume en la plus haute ville du firmament: Ayant faict cela tu verras le terrestre du tout consumé par le celeste; & le corps terreſtre touſiours en celeſte Couronne d'honneur & de gloire.

NEVFIESME CLEF de l'œuure des Philoſophes.

CHAPITRE IX.

SATVRNE le plus haut des Planettes, eſt le plus bas & abiect en noſtre magiſtere, il tient neãtmoins la principale Clef, & eſtant le vil, & n'ayant preſque point d'authorité, il tient le plus beau lieu; & bien que par ſa volonté il ſe ſoit acquis le plus haut par deſſus les plus hautes Planettes, il doit toutesfois cheoir au plus bas, en luy couppant les aiſles, & eſtre ſa lumiere obſcure, grandement diminuée, & par ſa mort venir toute la perfection de l'œuure, afin que le noir ſoit changé en blanc, & le blanc prenne la couleur rouge: & doit ſurmonter toutes les autres Planettes par l'aduenement de toutes les couleurs qui ſont au monde, que l'on verra iuſques à ceque vienne la couleur ſurabondante du Roy triomphant & comblé d'honneur, marque tres-certaine de la victoire: & encores que Saturne ſemble plus vil & moindre de toutes, il ne laiſſe pas d'auoir vne ſi grande vertu & efficace, qu'eſtant ſa noble eſſence (qui n'eſt autre choſe qu'vn froid par trop excedant) conioincte auec vn corps metaliq volatil & ignée, il le rend fixe, & auſſi ſolide, voire meſme meilleur & plus ferme & permanent que luy meſme n'eſt. Cette tranſmutation prend ſon origine du Mercure, du Soulfre & du Sel, & ſe faiſant par eux, on prend auſſi ſa fin & dernier periode: Cela paſſera la portée de beaucoup; comme auſſi à la verité ce myſtere eſt ſi haut que difficilement le peut-on comprendre: Mais d'autant plus que la matiere eſt vile & abiecte, d'autant plus doit eſtre l'eſprit releué & ſubtil, afin d'entretenir l'inegalité du monde, & que les maiſtres puiſſent eſtre diſtinguez des ſeruiteurs, & les ſeruiteurs reconnus à leur miniſtere d'auec les maiſtres.

De Saturne preparé auec induſtrie, ſortent beaucoup de couleurs, comme la noire, la griſe, la iaulne & la rouge, & d'autres moyennes entre celles cy; de meſme la matiere des Philoſophes doit prendre & laiſſer beaucoup de couleurs, deuant qu'elle paruienne à la fin & perfection deſirée, car autant de fois que l'on ouure vne nouuelle porte au ſeu, autant de fois le Roy emprunte de ſes creanciers de nouueaux habits, iuſques à ce que ſe remettant en credit, il deuienne riche, & n'aye plus affaire d'aucun creancier.

Venus tenant en main le gouuernement du Royaume, & diſtribuant ſelon la couſtume les offices à chacun, apparoiſt la premiere, brillante & eſclatante d'vne matiere Royalle: La Muſique porte deuant elle vn eſtandart rouge, au milieu duquel eſt artiſtement dépeinte la Charité veſtuë d'vn habit vert: Saturne eſt ſon Preuoſt de l'hoſtel & Intendant de ſa maiſon, & lors qu'il eſt en quartier, l'Aſtronomie marche deuant luy, portant vne enſeigne qui à la verité eſt noire, mais neantmoins eſt le pourtraict de la foy habillée de iaulne & de rouge.

Iupiter auec ſon ſceptre eſt en qualité de Vicerov, La retorique luy va portant la ſcience de couleur blancheaſtre & griſe, où eſt repreſentée l'Eſperance auec de fort agreables couleurs.

Mars Capitaine experimenté au faict de la guerre, regne auſſi tout eſchauffé & par la chaleur, La Geometrie le deuance, luy portant ſon guidon enſanglâté, & teint de ſang, au milieu duquel eſt empreint l'effigie de la Force veſtuë d'vn habit rouge, Mercure eſt le Chancelier de tout, l'Arithmetique porte ſon enſeigne diuerſifiée de toutes les couleurs du monde, (car il y en a vne varieté indicible) au milieu eſt la temperance dépeinte d'vne admirable diuerſité.

Le Soleil eſt gouuerneur du Royaume, la Grammaire tient ſa banniere iaulne, en laquelle on voit la

Iuſtice

Iuſtice peinte en or, & bien qu'vn tel gouuerneur deuſt auoir plus de puiſſance & authorité en ſon Royaume; Venus neantmoins l'a par ſa grande ſplendeur ſurmonté, & luy a fait perdre la veuë.

La Lune auſſi en fin apparoiſt, la Dialectique luy porte la ſienne de couleur tres-blanche & reluiſante, en laquelle ſe voit la Prudence peinte de bleu : & pource que le mary de la Lune eſt mort, elle doibt luy succeder au Royaume : C'eſt pourquoy ayant fait rendre le compte à Venus, elle luy recommandera l'adminiſtration & ſuperabondáce du Royaume, & par l'ayde du Chancelier reformera l'eſtat, & y mettra vne nouuelle police, & prendront tous deux domination ſur la noble Royne Venus : Remarque donc qu'vne Planette doibt faire perdre à l'autre, office, domination & Royaume, & luy oster toute puissance & majesté Royale, iusques à ce que les principales d'elles tiennent le Royaume en main, le conseruant, & par leur constante & permanente couleur, remportans la victoire auec leur mere, & elle dés le commencement conioincte, en iouissent d'vne perpetuelle & naturelle assotiation & amour: Alors l'ancien monde ne sera plus monde, Et en sera fait vn autre nouueau en sa place, & vne Planette aura tellement consommé spirituellement l'autre, que les plus fortes s'estans nourries des autres, serőt seules demeurées de reste, & deux & trois auront esté vaincus par vn seul.

Remarque en fin qu'il te faut sous-leuer la balance celeste, & mettre dans le costé gauche le Belier, le

Taureau, l'Escreuisse, le Scorpion, & le Capricorne, & au costé droict, les Gemeaux, le Sagittaire, l'Echanson, les Poissons & la Vierge, & faits que le Lyon porte-or, se iette au sein de la Vierge, & que ce costé là de la Balance poise le plus : Bref faits que les douze signes du Lyon Zodiaque faisant leurs constellations auec les sept gouuerneurs de l'Vniuers se regardent tous de bon œil, & se face (apres que seront passées toutes les couleurs) la vraye conionction & mariage, afin que le plus haut soit rendu le plus bas, & le plus bas le plus haut.

Si de l'Vniuers la nature
Mise estoit soubs vne figure,
Et ne pourroit estre changée
Ny par aucun art alterée.
Personne ne la cognoistroit

Ny les miracles qu'elle feroit,
C'eſt pourquoy remercier deuons
Ce grand Dieu qui nous à faict tels
dons.

DIXIESME CLEF DE l'œuure des Philoſophes.

CHAP. X.

DAns noſtre Pierre que les anciens ſages mes predeceſſeurs ont faite long-temps deuant moy, ſont contenus tous les Elemens, toutes les formes & proprietez Minerales & metaliques, voire meſme toutes les qualitez qui ſont au monde, car l'on y doit trouuer vne extréme chaleur & de grande efficace, pource que le corps froid de Saturne doit eſtre eſchauffé & conuerty en pur par la vehemence de ſon feu interne : Il y doit auſſi trouuer vn extreſme froid, d'autant qu'il en faut temperer la grand Venus, qui bruſle & conſume tout & congele le Mercure vif, & en faire vn corps ſolide : La cauſe de cecy eſt telle, pource que la nature a donné à la matiere de noſtre diuine Pierre toutes ſes proprietez, qu'il faut par certains degrez de chaleur, comme cuire, faire meurir & mener à perfection, ce qui ne ſe peut executer deuant que le mont Gibel de Cicille aye mis fin à ſes embraſemens, & ne ſe puiſſe plus trouuer aucune froidure és montagnes Hiperborées, leſquelles tu pourras bien auſſi appeller Fougeraye, touſiours gelées de froid, & couuertes de neiges.

Toutes pommes cueillies deuant qu'eſtre meures ſe fennét & ne ſont presque bonnes à rien, il en est de mesme des vaisseaux des potiers qui ne peuuét seruir s'ils ne sont cuits à assez grand feu; pource que le feu, ne leur a pas donné leur perfection: Il faut prédre garde à la mesme chose en nostre Elixir, que l'on ne luy face tort d'aucun iour dedié & consacré à sa generation, de peur que nostre fruict estant trop tost cueilly des pommes des Hesperides, ne puissent venir à vne maturité extrémement parfaicte, & sa faute reiettée sur l'ouurier peu sage, qui se sera follement hasté, car il est notoire à tout le monde qu'il ne se peut produire aucun fruict d'vne fleur arrachée d'vn arbre; Parquoy toute hastiueté se doit éuiter à nostre art, comme dangereuse & nuisible, car par elle peut on rarement venir au bout de son dessein, mais on va toufiours de mal en pis.

C'eft pourquoy que le diligent explorateur des effects merueilleux de l'art & de la nature prenne garde à ce que pouffé d'vne curiofité dommageable, & d'vn defir par trop curieux, il ne cueille rien de noftre arbre deuant le temps, & que la pomme luy tombant des mains, ne luy en laiffe qu'vne marque & veftige miferable, car fi l'on ne laiffe meurir noftre Pierre, veritablement elle ne pourra iamais donner maturité à aucune chofe.

La matiere s'ouure & diffoult dans l'eau, fe conioinct, & eft renduë groffe en la putrefaction, dans la cendre elle acquiert des fleurs dignes auant-couriers du fruict, toute l'humidité fuperfluë fe deffeiche dás le fable, la flambe du feu la rend entierement meure, & fermement fixe, non pas qu'il faille auoir, & necessairemét se seruir du Bain-marie, du fient de cheual, de cendres & de sable: Mais pource qu'il faut par tels degrez regir & gouuerner son feu. Car la pierre enfermée dans le fourneau vuide, & munie de triple boulevart se forme & cuit tousiours iusques à ce que tous les nuages & vapeurs soient dissipées & disparoissent, & qu'elle soit vestuë & ornée d'habits de triomphe & de gloire, & demeure en la plus basse ville des Cieux, & s'arreste en courant : Car quand le Roy ne peut plus esleuer ses mains en haut, l'on a remporté la victoire de toute la gloire mondaine; pource qu'estant alors comblé de tout bon-heur, & doüé de constance & de force, il ne sera doresnauant subiect à aucun danger : Ie te dicts donc que tu desseiches la terre dissoulte en sa propre humeur, par feu deuëment appliqué, estant desseichée l'air luy dónera vne nouuelle vie, cette vie inspirée sera vne matiere qui à bon droict ne doibt point estre appellée que la grand' Pierre des Philosophes, qui comme vn esprit, penetre les corps humains & metaliques, & est remede general à toutes maladies, car elle chasse ce qui est nuisible, & conserue ce qui est vtile, & dónant à toutes choses vn estre accomply ; Accorde & associe parfaictement le mauuais auec le bon : Sa couleur tire du rouge incarnat sur le cramoisy, ou bien de couleur de rubis sur couleur de grenade, quant à sa pesanteur elle poise beaucoup plus qu'elle a de quantité.

Celuy qui aura trouué cette Pierre, qu'il remercie Dieu, pour ce baulme celeste , & le supplie de luy octroyer cette grace qu'il en puisse heureusement franchir la carriere de cette vie miserable, & en fin ioüyr de la beatitude eternelle.

Loüange soit à Dieu, pour ses dons infinis & singuliers plaisirs qu'il nous a fait, & luy en rendons graces eternellement Ainsi soit-il.

VNZIESME CLEF DE l'œuure des Philosophes.

CHAP. XI.

IE t'expliqueray l'vnziesme Clef qui sert à multiplier nostre celeste Pierre par cette similitude.

Il y auoit és pays de Leuant vn braue cheualier nommé Orphée, grandement riche, car il auoit des richesſes à foiſon, & ne manquant de choſe aucune : il auoit eſpouſé ſa ſœur propre appellée Euridice : Mais ne pouuant auoir d'elle aucuns enfans, & croyant que ce mal-heur luy eſtoit enuoyé pour punition de ſon inceſte, prioit Dieu continuellement, eſperant obtenir de luy miſericorde, & entherinement de ſa requeſte.

Vn iour dormant profondement il luy ſembla veoir vn homme vollant à luy nommé Phœbus, qui ayant touché ſes pieds grandement chauds luy parla de la façon : Apres auoir, courageux cheualier, voyagé par beaucoup de Royaumes, de pays, de Prouinces, & de villes, t'eſtre hazardé ſur Mer à beaucoup de dangers, & auoir à la guerre renuerſé de ton bras victorieux ce qui te faiſoit reſiſtance, l'on t'a à bon droict donné le colier de cheualier, outre plus d'autant qu'és jouſtes & tournois tu as rompu beaucoup de lances, & maintefois les dames t'ont auec acclamation de tous les aſſiſtans, adiugé le prix & l'honneur de la victoire, le pere celeſte m'a commandé de te venir annoncer qu'il a executé tes prieres, & c'eſt pourquoy tu prendras du ſang de ton coſté droict, & du coſté gauche de ta femme, auſſi le ſang qui eſtoit au cœur de ton pere & de ta mere, ce ſang de ſa nature eſt ſeulement double, & neantmoins ſeulement ſimple, conioincts les, & les mets dans le globe des ſept ſages bien fermé, & l'enfant nouueau né trois fois grãd ſera nourry de ſa propre chair, & ſon glorieux ſang luy ſeruira de breuuage. Si tu faits bien cela, il te viendra de grandes richeſſes & auras beaucoup d'enfans: Mais apprens qu'il faut, pour perfectionner ta derniere semence, la huictiesme partie du temps qu'a mis la premiere, de laquelle tu as pris naissance : Si tu faits cecy souuent, & que tousiours tu recommences, tu verras les enfans de tes enfans, & vne multiplication de ta race à l'infiny: & sera le grand monde tellement remply par la fertilité & fœcundité du petit, que l'on pourra aisément posseder le Royaume celeste du Createur de l'vniuers.

Apres cela faict, Phœbus s'enuola, & s'estant aussi-tost resueillé le cheualier, il se leua pour executer ce qui luy auoit esté commandé, ayant mis tout en effect, il ne fut pas seulemét tout aussi tost assisté de bon heur en toutes ses entreprises, mais aussi appuyé sur la bonté de Dieu, il engendra plusieurs enfans, qui heritiers des biens paternels s'acquirent vne gran de renommée, & tousiours conserverent l'ordre de cheualerie qu'ils auoient euë de la succession de leur pere.

Si tu és sage & desireux de sagesse, tu n'as que faire de plus ample demonstration, sinon, tu n'en dois reietter la faute sur moy, mais sur ton ignorence, car il ne m'est pas permis d'en declarer dauantage, ny de descacheter ce pacquet, & mettre en veuë tous les secrets, cela sera assez clair & manifeste à celuy que Dieu en iugera digne, car j'ay tout escript plus clairement qu'il est possible de croire, & ay monstré toute l'œuure en figures, selon qu'ont faict les anciens Philosophes aux Maistres; mais bien plus clairement (car ie n'ay rien caché) que pas vn autre: Si tu chasses de toy les tenebres d'ignorence, &

és clair vayant des yeux de l'entendement, asseurément tu trouueras vne Pierre pretieuse qu'ont cherché beaucoup, & que peu ont trouuée, car ie t'ay comme entierement nommé la matiere, & suffisamment demonstré, le commencement, le milieu & la fin de l'œuure.

DOVZIESME CLEF DE l'œuure des Philosophes.

CHAPITRE XII

L'Espee d'vn escrimeur qui ne sçait pas tirer, ne luy peut de rien seruir, pource qu'il n'en a pas le maniement, car il est aisément mis à bas & terrassé par vn autre qui sçaura mieux tirer & porter vn coup que luy, mais celuy qui entend parfaictement l'escrime, rauit aisément la victoire d'entre les mains de tous les autres.

Il en arriuera de mesme à celuy qui aura, auec l'ayde de Dieu, acquis la teinture, & ne s'en sçauroit pas seruir, comme au gladiateur qui ne sçait pas son mestier; Mais d'autant que voicy la douziesme & derniere Clef qui ferme ce liure, Ie ne parleray plus auec ambiguité Philosophique, mais i'expliqueray nuëment & clairement cette Clef touchant la teinture, entendez donc cette doctrine suiuante.

Prens vne partie de cette medecine & Pierre des Philosophes deuëment preparée, & faite du laict virginal, & trois parties de tres-pur or, passé par la coupelle auec de l'Antimoine, & battu en lames tres-menuës, conioincts les dans vn creuset,

& leur donne vn ſeu moderé aux douze premieres heures, puis fonds les, & les tiens en ce feu par l'eſpace de trois iours naturels, & la Pierre ſera changee en vraye medecine, d'vne nature ſubtile, ſpirituelle & penetrante : Et elle ne tiendroit pas aiſément à cauſe de ſa grande ſubtilité ſans le ferment de l'or, mais quand elle eſt fermentee de ſon ſemblable, la teïnture entre facilement : Prens puis apres vne partie de cette maſſe fermentee, & la iette ſur mille de metail fondu, que tu veux fondre, & vrayement le tout ſera changé en trés-bon or, car vn corps prend aiſément vn autre corps ; & bien qu'il ne luy ſoit pas ſemblable, il luy doit neant-moins eſtre conioint : Et par ſa grande force & vertu rendu ſemblable, veu que le ſemblable a esté engendré de son semblable.

Celuy qui aura mis ce moyen en practique, sçaura toutes les autres circonstances : Les sorties des portaux du Palais Royal sont ouuertes à la fin ; cette si grande subtilité ne peut estre comparée à aucune chose crée ; car elle seule compréd & possede toutes choses dans toutes choses, que l'on peut trouuer par raisons naturelles contenuës & encloses dans la circonference de l'Vniuers.

O commencement du commencement ! aye souuenance de la fin ! ô fin dernierre fin ! souuienne toy du commencement, & ayes en grande recommandation le mileu de l'œuure : Et Dieu le Pere, le Fils & le Sainct Esprit vous donnera ce qui est necessaire à l'esprit, à l'ame & au corps.

DE LA PREMIERE MATIERE de la Pierre des Philosophes.

Vne pierre ſe voit qui à vil prix ſe vend,
D'elle vn feu fugitif ſon origine prend,
Noſtre Pierre de luy eſt faite & compoſee,
Et de blanche couleur & de rouge paree,
Elle eſt pierre & non pierre, & la nature en elle,
Peut ſeule demonſter ſa vertu nompareille,
Pour d'elle faire yſſir vn ruiſſeau clair coulant,
Dans le quel elle ira ſon pere ſouffoquant,
Et puis d'iceluy mort, gourmande elle ſe paiſtra,

Iusqu'à ce que son ame en son corps renaistra,
Et sa mere qui est de nature volante,
En puissance luy soit, & en tout ressemblant,
Et à la verité son pere renaissant
A bien plus de vertu qu'il n'auoit par auant,
La mere du Soleil surpasse les annees
En aage, à cet effect par toy vulcan aydees,
Son pere neãtmoins precede en origine,
Par son spirituel estre & eßence diuine,
L'esprit, l'ame le corps sont contenus en deux.
Le magistere vient d'vn qui seul & vn estant,
Peut ensemble assembler le fixe & le fuyant,
Elle est deux, elle est trois, & toutesfois n'est qu'vne,
Si tu n'ès sage en cela, n'entendras cho-

se aucune,
Faits lauer dans vn bain Adam le premier pere,
Où se baigne Venus des voluptez la mere,
D'vn horrible Dragon ce bain l'on preparoit,
Quand toutes ses vertus & ses forces il perdoit
Et comme dit fort bien le Genye de Nature
L'on ne le peut nommer que le double Mercure,
Ie me tais, i'ay finy, i'ay nommé la matiere,
Heureux trois fois heureux qui comprend ce mystere.
Que le soucieux ennuy ne te surprenne point,
L'issuë te fera voir ce tant desiré point.

FIN

LIVRE TROISIESME

CONTENANT VNE abregee repetition de tout ce qui est contenu dans les traittez des douze Clefs de la Pierre precieuse des Philosophes.

Dans laquelle est par le mesme Autheur Fr. Bazile Valentin mise en lumiere: La lumiere des Sages.

MOY Basile Valentin Religieux de l'ordre de S. Benoist, ay composé ces traictez precedens, par lesquels suiuant la trace des anciens Philosophes; ay declaré par quelle voye & moyen l'on peut chercher & trouuer ce precieux thresor, duquel les sages ont conserué leur santé & prolongé leur vie à beaucoup d'annees: Et bien que ie ne me sois esloigné en aucun point de la verité, comme ma conscience en pourra rendre tesmoignage deuāt Dieu, qui cognoist le dedans de nos cœurs, & aye tousiours mis en veuë la verité qu'vn moyennement docte n'auroit que faire d'autre flambeau pour esclairer, Car la theorie que ie luy en ay baillée, conioincte auec les douze Clefs de practique, seront plus que suffisans des nuicts neantmoins que ie passois à veiller, & le peu aggreable repos que ie prenois en ne dormant pas, mais les diuerses pensees qui estoient pendant l'obiect de mon imaginatiue, m'ont persuadé d'expliquer plus clairement, mettāt en abregé le liure que i'auois mis en lumiere du flambeau que i'auois allumé, plus esclatante, afin de mieux esclairer, pour descouurir nostre desiree Pierre à ceux qui sont amateurs de l'art, & curieux de cognoistre la Nature: Et encores que ie sçache bien que beaucoup diront que i'ay tout plus que trop enseigné, & qu'a cause de cela i'ay chargé ma conscience de beaucoup de pechez, Ie leur respondray neantmoins que cela encores est assez obscure aux ignorans & gens de peu d'esprit, mais clair & manifeste aux enfans de science: C'est pourquoy escoute & poise bien mes paroles, & suits ce qu'ils t'enseigneront, tu paruiendras droict aux plus cachez mysteres de l'Art & de la Nature.

Ie n'ay rien escript que ie ne doiue approuuer & du quel ie ne sois prest à rendre compte au iour du iugement.

Or tu trouueras cet abregé en vrayes & simples instructions suiuantes, car ie ne m'y estudie point à auoir des mots affectez & falacieux, mais à suiure nuëment la verité.

I'ay enseigné dans le precedent traicté que toutes choses naissent & sont composez de trois, sçauoir est, de Mercure, de Soulfre & de Sel, & c'est chose certaine.

Mais apprens encores que nostre Pierre est cõposee de deux, de trois de quatre & de cinq: De cinq c'est à dire, de sa quintessẽce, de quatre qui sont les quatre elemens; de trois assauoir des trois principes des choses naturelles, de deux qui signifient le Mercure double, & d'vn qui est le premier principe de toutes choses, qui fut produit pur & net de la creation du monde, *fiat*, soit faict.

Afin que personne ne se trauaille à comprendre des choses, & ne se peine à chercher en vain le sens mystique, & la vraye explication, ie traicteray en peu de mots: Premierement du Mercure, puis du Soulfre, & apres du Sel de nostre Pierre, qui sont les principes materiels.

DV MERCVRE, PREMIER principe de l'œuure des Philosophes.

REmarque donc premierement que nul argent vif commun ne sert à nostre œuure, car nostre argēt vif se tire du meilleur metail par art ſpagirique, & eſt pur ſubtil, reluiſant, clair comme eau de roche, diaphane comme chriſtal, & ſans aucune ordure : Reduicts le en eau ou huille incombuſtible, pource que ſelon que m'en aduouent les ſages, Mercure a eſté eau au commencement, d'iſſout en ceſte huille incombuſtible ſon propre Mercure, duquel a eſté fait cette eau, precipite-le dans ſa propre huille : Et tu auras le Mercure double ; Mais note que le Soleil apres auoir eſté purifié ſelon que ie t'ay enſeigné en la premier Clef, doit eſtre diſſoult par vne certaine eau particuliere que ie t'ay donnée dans la ſeconde, & reduit en chaux ſubtile, ſelon que ie t'ay enſeigné en la quatrieſme : Cette chaulx doit paſſer par l'alembic auec eſprit de SEL, & eſtre precipité dans ceſt eſprit, & reduict à feu de reuerber en pouldre ſubtile, & que ſon Soulfre puiſſe plus facilement entrer en ſa propre nature, & l'embraſſer plus eſtroictemẽt par vn amour reciproque, & tu auras deux ſubſtances dans vne que l'on appelle le Mercure des Philoſophes, & n'eſt qu'vne Nature, & le premier ferment.

DV SOVLFRE, SECOND principe de l'œuure des Philoſophes.

TV chercheras ton Soulfre dans le meſme metail, il le faut tirer ſans aucune corroſion par feu de reuerbere, d'vn corps purifié & diſſoult ; & comment cela ſe peut-il faire ? ie te l'ay declaré ne t'en diſant mot, & te l'ay aſſez clairement monſtré dans la troiſieſme Clef: Tu diſſoudras ce Soulfre dans ſon propre ſang, du quel il a pris naiſſance, obſeruant le poids que ie t'ay ordonné en la ſixieſme Clef, l'ayant faict, auras diſſoult & nourry le vray Lyon du ſang du Lyon verd, car le ſang fixe du Lyon rouge eſt faict du ſang volatil du verd, parquoy ils ſont tous deux d'vne meſme nature, & le ſang volatil de l'vn rend auſſi volatil le ſang fixe de l'autre: Et au contraire le fixe rend le volatil auſſi fixe qu'il eſtoit auparauant la ſolution; entretiens les en chaleur moderee, iuſques à ce que le Soulfre ſoit du tout diſſous, & tu auras par le commun accord des Philoſophes, le ſecond ferment & le Soulfre fixe nourry du volatil, que l'on tire en alembic par eſprit de vin, qui eſt rouge comme ſang: & eſt appellé Or potable, que l'on ne peut consolider, ny reduire en substance corporel.

DV SEL TROISIESME principe de l'œuure des Philosophes.

LE Sel selon que l'on le prepare a des effects diuers, rendant le corps fixe, tantost volatil, car l'esprit du Sel de Tartre tiré sans aucun ingredient rend par la resolution & putrefaction tous les Metaux volatils, & les reduict en vn Mercure vif, cóme te l'enseignét mes Mineraux: Le Sel de Tartre aussi fixe de soy grandement, notamment si l'on y adiouste de la chaux viue auec sa chaleur, car estant iointe en semble ils ont vne merueilleuse vertu fixatiue: Selon donc que l'on prepare le

Sel vegetable de Tartre, il peut & fixer & rendre volatil, ce qui eſt vn admirable ſecret de nature, & vn effect merueilleux de l'art Philoſophique.

Il ſe fait vn Sel volatil & bien clair d'vrine d'vn homme, qui par quelque temps n'aura beu que du vin pur, & ce Sel diſſoult toutes choſes fixes, & les tire auec ſoy par l'alembic, il ne fixe pas neantmoins, & bien que cet homme n'aye beu que du vin, duquel par ſon vrine eſt tiré ce Sel de Tartre; Car il s'eſt fait dans le corps de l'homme vne certaine tranſmutation par laquelle la partie vegetable, c'eſt à dire l'eſprit vegetable du vin, s'eſt changée en animale, c'eſt à dire en l'eſprit animal du Sel de l'vrine, comme par exemple, és cheuaux ſe faict tranſmutation d'auoine, foin & autres telles nourritures, les changeant en leur propre ſubſtance, aſſauoir en chair, & autres parties de leurs corps.

Les Abeilles auſſi font du miel des meilleurs particules, & ſur des herbes & fleurs: & ainſi des autres choſes, deſquelles la Clef & principale cauſe giſt en la putrefaction d'où prouienne toutes ces ſortes de ſeparations & tranſmutations.

L'eſprit de Sel commun tiré par certain moyen que ie t'ay monſtré en ma derniere inſtruction, mis auec vn peu de l'eſprit du dragon, diſſout l'or & l'argent, & les fait monter au haut de l'Alembic, tout de meſme comme l'Aigle ioint auec l'eſprit du Dragon, hoſte perpetuel des rochers & montagnes, Mais ſi l'on fond quelque choſe auec le Sel deuant la ſeparation de l'eſprit d'auec le corps, il eſt pluſtoſt rendu fixe que diſſoult.

Ie te

Ie te dicts dauantage, que l'esprit de Sel commun conioint auec l'esprit de vin, & d'istillé par trois fois auec luy, deuient doux & perd toute corrosion & accrimonie, cet esprit ne combat plus corporellement contre l'Or, mais si l'on le fond sur la chaulx de l'Or deuëment preparé, il tire sa grande rougeur, & si l'on procede de cóme il faut, la chaulx donne & empreint à la Lune purifiée vne couleur semblable à celle qua eu premierement le corps d'où elle a pris son origine.

Ce corps peut receuoir sa premiere couleur, se meslant & ioignant à la lasciue Venus, d'autant qu'il a du commencement pris auec elle sa naissance de son sang, ou du moins de semblable au sien. & ie ne t'en diray pas dauantage,

Notte que l'esprit de Sel d'issoult

aussi la Lune preparée, & la reduict (cóme t'enseignét mes instructiós) en vne nature spirituelle, de laquelle se peut faire la Lune potable, ces esprits du Soleil & de la Lune doiuent estre cóioincts comme le mary à la femme, par l'entremise de l'esprit du Mercure, ou de son huille

L'esprit est dans le Mercure, la couleur dans le Soulfre, & la congelation dans le Sel, & ce sont ces trois qui peuuent reproduire le corps parfaict, c'est à dire, l'esprit du Soleil fermenté de sa propre huille: Le Soulfre que l'on trouue abondamment dans la nature de Venus enflambé de sang fixe par elle engendré, l'esprit prouenant du Sel Phisique donné, en fortifiant & endurcissant la victoire entiere, encores que l'esprit de Tarte, d'vrine & de chaulx viue, auec du vray vinaigre aye bien de la vertu, car l'esprit de vinaigre est froid, & celuy de la chaulx viue est chaud, c'est pourquoy l'on le iuge à bon droict estre de nature contraire, comme aussi l'on le voit par experience : Ie viens de parler en Philosophe, & ne m'est pas permis de passer outre, & monstrer à aucun comment les portes sont fermees & réparees au dedans.

Ie te donne encores cecy, pour dire adieu : Cherche ta matiere dans la nature methalique, faicts en vn Mercure, & le fermente d'vn Mercure, puis d'vn Soulfre, & le fermente pareillement de son propre Soulfre, dispose & mets tout en ordre par le Sel, tire le vne fois par l'alembic, & mesle le tout par iuste poids, & il viendra vn qui a pris aussi auparauant son origine d'vn fixe le, & le coagule par chaleur continuë, puis le multiplie, comme ie t'ay appris és deux dernieres Clefs, & le fermente pour la troisiesme fois, & tu viẽdras à bout de ton dessein, quand à l'vsage de la teincture, la douziesme Clef t'en a assez instruict.

PREMIERE ADDITION continuant les enseignemens de l'œuure susdite.

POur le pardessus, ie te veux apprendre que du noir Saturne & du doux Iupiter se peut aussi tirer vn esprit, qui par apres se reduit en huille douce comme en sa plus grãde perfection, qui peut particulierement & fermement oster la vie au Mercure, & le rendre beaucoup meilleur, comme ie te l ay enseigné en mes mineraux.

SECONDE ADITION des œuures susdictes.

AYant ainsi preparé ta matiere sois seulement soigneux à gouuerner ton feu, car toute l'œuure en despend, depuis le commencement iusques a la fin.

Nostre feu n'est que commun & naturel, & le fourneau vulgaire, & bien que les anciens sages & mes predecesseurs ayent escript que nostre feu n'est feu commun : Ie te dits neãtmoins en verité, que c'est qu'ils ont tous caché selon leur coustume, car nostre matiere est vile, & l'œuure que l'on conduict seulement par le regime du feu, est aisé à faire.

Le feu de lampe auec esprit de vin n'y est pas propre, car il s'y faict de trop grands cousts & despenses, Le fient de cheual n'est que perte & destruction, & n'ostre matiere ne peut iamais par son moyen venir à perfection.

La multitude & varieté de fourneaux n'est qu'inutilité superfluë, & superfluité inutile, car il ne faut en nostre triple vaisseau que varier & changer les degrez du feu.

Prens donc garde que les trompeurs ne te deçoiuent en la varieté des fourneaux, car le nostre est vulgaire, le feu commun & la matiere est abiecte; Le matras ressemble en figure au contour & rotondité de la terre, tu n'as que faire d'auoir dauãtage d'instructions, à sçauoir gouuerner ton feu, & bastir ton fourneau, car qui a la matiere trouuera bien tost vn fourneau, & qui a de la farine ne met gueres à trouuer vn four, & ne se doibt pas beaucoup soucier de faire cuire du pain.

Il n'est pas besoin d'escrire amplement de ce point, prends seulement garde à la chaleur, & faicts que tu puisse discerner le chaud d'auec le froid, si tu frappes le but, tu auras tout faict, & seras paruenu à la fin desirée de l'art, pour recognoissance de laquelle soit perpetuellement loué Dieu, autheur de toute la Nature. Ainsi soit-il.

COLLOQVE DE L'ESPRIT de Mercure à Frere Albert.

l'Esprit.

QVelle est l'occasion, Albert, que tu m'as tant fait de coniuratiós pour me faire venir

Albert.

Ie te la veux dire, moyennant que

tu me donnes asseurance pour mon corps, ma vie & mon Ame, & que ie n'auray aucun desplaisir de toy.

L'ESPRIT.

Il n'est pas en mon pouuoir de te faire du desplaisir, n'y ne suis pas venu aupres de toy pour cela, mais si tu ne quittes ton appellation, tu és des-ja recommandé à vn autre qui te chastiera toy & tes semblables, & iouëra bien son ieu au salut de ton ame, ie ne puis t'auancer ny reculer, si i'estois vn homme ie voudrois bien estre sauué, & pource respond moy à mes de mandes.

ALBERT.

Ie te prie ne sois fasché cõtre moy, car ie suis vn homme debile, & tu és vn esprit puissant & subtil, & pource dy moy premierement si tu és bon ou mauuais, ou qui tu és.

L'ESPRIT.

Ie ne ſuis ny bon ny mauuais, mais ie ſuis vn des eſprits des ſept Planettes qui gouuerne la moyenne nature, ils ont le commandement de gouuerner les quatre differẽtes parties du monde, ſçauoir le Firmamẽt, les animaux, les vegetaux, & partie des mineraux, & nous ſommes ſept qui par noſtre agilité conduiſons dãs les trois parties inferieures, les aſcẽdans & deſcendans, & operons en eux, car les planettes ne peuuẽt pas deſcendre corporellement icy bas, mais leur eſprit, lequel ayde les choſes qui ſont diſpoſées à engendrer par la vertu des quatre Elemens. Celuy qui a ceſte intelligence ſe poura diſpoſer à l'œuure.

ALBERT.

Ie ſuis grandement ioyeux que tu me donnes vne ſi belle intelligence, & que i'ay cõpris par toy plus que ie n'ay iamais fait d'aucun Philosophe, mais ie teprie accorde moy encore vne demande, & ie te diray le sujet pour lequel ie t'ay appellé, & te le declareray par ordre si tu me veux dire ton nom.

l'Esprit.

Mon nom ie suis l'Esprit des Planettes, non pas le Dieu du Mercure, cóme tu me qualifies par tes appellations,&ne suis pas venu par la force d'icelle,mais par la permission de Dieu, ie suis venu sans contraincte, aussi qu'il a esté dóné à chacun homme vn esprit seruiable deDieu, mais il s'en trouue peu qui s'en rédent dignes,pource n'aye point peur de ma noirceur,car elle sera pour le cómẽcement de ta richesse: Car au commencemẽt de la creation tout estoit en tenebres,&apresl'aggreable rougeur du matin, le Soleil seleue tout en ság& feu, si tu crois à ceste heure mes paroles qui ne sont pas humaines, mais vne voix raisonnante selon ma nature, ie te veux escouter amiablement & te donner bonne addresse, sors donc hors de ton appellation & m'y laisse entrer, assis toy à table & que i'escriue auec soing ce que ie te diray, mais dis moy premieremét le suiect pour quoy tu m'as fait venir, & ne sois point cauteleux, mais simple & succint à tes demandes.

Albert.

Au nom du Pere, du Fils & du S. Esprit, Amen. La tres-saincte & vne inseparable Trinité, & inseparable Deité vnique: Mercure ie te demande que tu imedie la verité, si ce que les anciens ont escrit de la Pierre des Philosophes, ou de sa teincture est veritablement en la nature, ou si c'est vne subtile speculation.

L'ESPRIT.

Sçaches que les philosophes par preuoyance ót escript diuerses choses afin que les ignorans qui ne tendent qu'a l'or & à l'argent fussent abusez, ainsi le plus grand secret de la nature, & les vertus naturelles qui font à tous chercher la verité, se trouuera que Dieu à mis dãs la nature, & que l'homme ne peut pas cognoistre, si on ne luy monstre clairement, & encore ne le peut-il cóprendre, à cause de son aueuglemét, & qu'il ne peut pas se cognoistre soy-mesme.

ALBERT.

I'entends par tes paroles, & bien qu'elles soient obscures, que tu entends l'or tres-fin.

L'ESPRIT.

En partie tu as bien entédu, mais il y a encore vne nuée trouble deuant tes yeux, c'est le plus fin or, mais non pas celuy qui eſt affiné dans la fournaiſe, mais celuy que la nature meſme par ſon ſeruiteur Vulcan a affiné ſans ſcience, à la mode de luy eſt tiré le double Mercure, & quand tu auras iceluy tu pourras diſputer auec ton Abbé, & luy dire *Azot & ignis tibi ſufficiunt*, Il eſt donc manifeſte qu'il eſt plus que le fin or, auquel Dieu en la creation luy a donné certe vertu pour eſtre manifeſteé aux hommes, afin que chacun le puiſſe auoir, s'il eſt bien illuminé de Dieu

ALBERT.

Ouy, où ſe peut trouuer ceſt or;

L'ESPRIT.

Au deſſous du Ciel, en pluſieurs montagnes & valees, tous les hommes l'ont deuant les yeux & ne le cognoiſſent pas.

ALBERT.

Combien en faut-il pour l'œuure,

l'Esprit.

Situ en as deux onces tu peux achepter la courõne du plusgrãdmonarque du monde, & garde le reste.

Albert.

Auec l'ayde de Dieu nousen trouuerõs bien autant, & quãd on en aura acheué deux onces, c'est assez pour le commencement comme ie croy que vous dictes.

l'Esprit.

Mais tu ne sçay pas le corps comme moy qui suis esprit, ie ne parle pas du corps, mais bien plus de l'esprit, comment veux tu peser l'esprit, qui est en si petite quantité, au prix de ce qui est tiré de son corps, mais apres envertu surpassant en grãde quãtité ledit corps. si tu veux rendre cest esprit net de son corps corporel, & le transmuer en vn corps spirituel, tu pourras dire apes à ton Abbé, *Ignis*

& Azot tibi sufficiunt.

Albert.

O celeste parole, comment doy-je faire cela.

l'Esprit.

Solue & coacula; dissoults & coagule.

Albert.

Que tes paroles sont succinctes & difficiles à entendre, & mal-aisees à comprendre, mais toute la science est làdedãs, ie doy dissoudre le corps de l'or, &par sa dissolution tirer l'esprit teingent: c'est sans doute le double Mercure de Bernard, d'où est tiré ce corps ce n'est pas le fin or, mais la teinture qui est cachee en luy, de ce la on tire le double Mercure.

l'Esprit.

Maintenant le voile est partie osté de deuant tes yeux, tu as bien entendu, entends maintenant quel corps c'eſt.

ALBERT.

Auec quoy dois je diſſoudre le corps de l'or;

L'ESPRIT.

Par ſoy-meſme, & ce qui eſt le plus proche de luy.

ALBERT.

Cette parole eſt peſante, voire plus peſante que la ſcience meſme: ie te prie monſtre moy cela & me dis le moyen & le tour de main de la vraye diſſolution.

L'ESPRIT.

Moy tout eſprit, maintenant ie ne le puis monſtrer, car ie n'ay point de main, mais ſi i'auois vn corps comme toy, ie voudrois faire toute l'œuure, cherche ſoigneuſement dans ton Bernard, tu trouueras là dedans le moyen & le tour de main de la vraye diſſolution, auec toutes les circonſtances

constances escrites trois fois, deux fois vray, & vne fois faux, à cause des ignorans.

Albert.

O moy misérable! i'ay tant veu Bernard que i'en suis quasi au mourir, & n'ay peu comprendre cela, encore que par son enseignement ie cognois le Roy, mais la Fontaine m'est incogneuë, & partant ie te prie monstre moy qui est la fontaine.

L'Esprit.

Tu veux estre trop sçauant bien tost, ie ne te le peux pas monstrer, il faut que tu aye le Roy premieremét, car on n'eschauffe pas le bain, que le Roy n'y soit : mais toy va chercher ton Abbé & dis luy qu'il te face prouisió de dix liures du meilleur *98756* Æ5Æ d'Orient, tout ainsi qu'il vient du ventre de sa mere san feu, apres ie te veux declarer tout ce que tu n'entend pas, sois secret, & ne monstre point ton escrit à ton Abbé sur peine de la vie, ny que tu m'aye veu, oste de toy toutes tes appellations & coniurations, & demeure tousiours en bonne volonté, priant Dieu qu'il te donne vn bon esprit, autrement ie n'oserois plus retourner vers toy, ainsi ie veux estre ton bon amy, & autant de fois que tu auras besoin de mon conseil, ie me trouueray aupres de toy.

Albert.

Ha ! demeure encore vn peu, dis moy si ie viuray assez long-temps pour faire la teinture.

L'Esprit.

Ouy tu l'acheueras, mais ton Abbé ne viura pas tant, tu l'auras apres sa mort, & si tu ne te gouuernes sagement, elle te causera de grãds incóueniens, & partant prés bien garde à toy, & à qui tu la monſtreras, car ceſte teincture t'amenera de grands aueuglemens, garde bien ton liure & ta teincture, afin qu'ō ne les trouue point ſur toy, autrement tu coureras grande fortune, & ſeras mis en priſon, voire meſmes à la mort, ſois donc bien ſage & te tiens ioyeux, car pluſieurs de grande & baſſe qualité s'efforçent que le ſecret ne ſoit point manifeſté, car ils ne peuuent en autre corps dire verité qu'ē vne vnique choſe, qui eſt tout en tout pour dire la verité, le reſte ne ſert que pour abuſer les ignorans, & te diray en peu de paroles la pure verité, qui eſt ce que tous les Philoſophes par leurs eſcripts ſont demeurez d'accord, de cette pierre & teinture contenus en la nature.

Albert.

Dis moy qui eſt ceſte vnique choſe:

L'Esprit.

Toy qui est bon artiste & veritable, tu dois auoir appris de ton Bernard, que c'est que l'esprit de son double Mercure, & tu és quasi deuenu fol en ta premiere matiere & Azot, tu és encore bien loing du vray centre, car tu cherches la vie auec les morts & la plus parfaicte & incorruptible force de toutes les forces naturelles, dans des matieres imparfaictes & dans des choses corruptibles, sçaches en verité que nostre rouge teincture est tirée pure & nette de la plus parfaicte creature, sur laquelle le Soleil aye iamais ietté ses yeux; laquelle vnique chose par les esprits plus parfaicts est de la cõposition des inseparables qualitez des quatre Elemés & par la concordance des sept Planettes ont esté ioincts ensemble, & sans aucune ayde ou ſcience d'homme, a eſté parfaite en ſon degré de perfection, lequel auſſi par vn incroyable augmentation de ſa propre ſemence a eſté douée naturellement, & ſes parties ſi bien liée enſemble, qu'il ne peut eſtre deſtruit par aucun Elemét ſans l'ayde de l'art, & lors cette vnique choſe eſt ſujecte à corruption: ie t'ay aſſez declaré pour ce coup de quelle matiere les Philoſophes ont tiré leur teincture, ſi tu entẽds & cognois ce qui eſt cõpris en cette vnique parole, tu entẽdras toute la ſciẽce, c'eſt aſſez dit à celuy à qui Dieu ouure les yeux. on pourroit bien icy comprendre l'or: Mais on ne l'entẽdra pas bien, car il y a des creatures crées plus nobles que l'or: leſquelles il faut chercher où la verité ſe trouuera, que Dieu à mis en la nature, & que l'homme ne peut pas connoiſtre, ſi on ne luy monſtre tout clairement, & encores ne le peut-il pas comprendre à cauſe de ſon aueuglement, & qu'il ne peut pas ſe connoiſtre ſoy meſme.

Louange à Dieu.

EXPLICATION DE l'Eſprit ſur les qualitez de la premiere matiere.

L'Humidité eſt la premiere choſe qui anime le compoſé, la choſe naturelle ou l'humidité viuifiante ou viuificatiue, ou l'Ame ou l'Air, par vne diſſollution de la terre & congelation de l'eſprit.

Car noſtre magiſtere n'eſt que parfaictement congeler, diſſoudre le corps & congeler l'eſprit.

Et telles operations ont telle alliance enſemble que iamais le corps ne ſe diſſoult que l'eſprit ne le congele, & l'eſprit ne ſe congele point, que le corps ne ſe diſſolue, ce qui s'accorde à ce que dit Raymond Lulle, & autres Philoſophes, que tout le magiſtere & l'œuure d'icelle n'eſt que diſſoudre & congeler, & c'eſt toute la circulation & imbibition de noſtre Eau Mercuriale, laquelle les Philoſophes commãdent.

Car ſi de matiere de terre doit eſtre fait le feu, il faut qu'elle ſoit ſubtiliée & preparée.

Par laquelle Eau les corps ſont ſubtiliez& ramenez en la premiere matiere, & prochaine à la pierre ou Elixir des Philoſophes.

Car comme l'enfant eſt nourry au ventre de la mere par ſon nourriſſement naturel, par ſon ſang menſtrual, auſſi noſtre Pierre doit eſtre multipliée & croiſtre en quantité & qualitez plus fortes, parce qu'il faut qu'elle ſoit nourrie de ſa graiſſe & propre nature & ſubſtance: C'eſt ce que les philoſophes ont totalement celé & tenu caché, comme le plus grand ſecret.

Ceſte humidité graſſe, les Philoſophes l'ont appellé eau Mercuriale, Eau permanente ou demeurante au feu, & auſſi eau diuine, c'eſt la clef de toute l'œuure.

Cette eau n'eſt pas eau de riuiere ou de fontaine, comme eſt aduis aux ignorans ou falſificateurs.

Noſtre eau n'eſt que vapeur & eau qui eſt dite mondifiant, ou nettoyant, blanchiſſant & reuiuifiant, & rejettant la noirceur des corps, laquelle eſt appellée eau puante.

Cette eau Mercuriale n'eſt autre choſe que l'eſprit des corps conuertis en nature de quint-essence.

Cette eau est appellée vinaigre tres-fort, & est cogneuë de peu de gens : en nostre pierre est contenu deux substances d'vne nature, l'vne volatille & l'autre fixe, lesquelles & chacune d'icelles est appellée argent vif.

Et c'est d'où naist la pierre, apres la premiere conionction d'iceux, & non pas deuant, & faut que les corps soient tournez en nos corps, & iceux en esprit.

FIN.

LES DOVZE SIGNES du Zodiac qui ſont cités en cet œuure des douze Clefs.

Aquarius	♒	Ianuier.
Piſces	♓	Feurier.
Aries	♈	Mars.
Taurus	♉	Auril.
Gemini	♊	May.
Cancer	♋	Iuin.
Leo	♌	Iuillet.
Virgo	♍	Aouſt.
Libra	♎	Septembre.
Scorpius	♏	Octobre.
Sagittarius	♐	Nouembre.
Capricornus	♑	Decembre.

STANCES A L'AVTHEVR.

I.

D'Vne ſubſtance ſeule on voit naiſtre trois choſes,
Et trois vnis enſemble il en naiſt l'vnité,
Dieu ayant tout reduit par ſa diuinité,
Fit les diuerſitez que nature a deſcloſe

II.

Vne Eſſence de ſoy de nature ſemblable,
Vne chere liqueur tiree de ſon compoſt,
Dont l'artiſte a le ſoing, laquelle nous forcloſt,
De tout ſoing de trauail & de toute miſere:

III.

Mais par ce ſeul moyen de ſi ſaincte entrepriſe,
Faut regarder le tẽps lors qu'elle veue

dormir
Et dans son temple sainct luy bailler & fournir
L'Air, le Feu gracieux, & aussi sa chemise:

IV.

Deux spermes nous aurons en vn compost remis,
Reunis, adaptez au iardin d'excellẽce,
Où les oyseaux seront qui auront la puissance
De resueiller ceux là qui estoient endormis.

V.

Vous qui voulez seruir au temple de Memoire,
Ayez esgard au tẽps d'excellẽte beauté,
Car le Ciel Cristalin de tres-grande clarté,
Nous fera voir vn iour le pourpre sanguinaire.

VI.

Comme l'enfant qui est nourry de la

mammelle,
Nous aurons mesme soing de ce qui est procreé,
Iusqu'au temps que le laict luy ait plus auancé,
Son corps, ponr luy donner viande qui l'excelle.

VII.

Lors robuste en naissance, & plein de majestè,
Nous aurons vn grand Roy qui aura la puissance
De gouuerner les siens, & par sa preuoyance,
Les pauures & chetifs il mettra en santè.

AVTRES STANCES EN forme de vœu.

I.

SAincte Flamme du Ciel, ſage & ſainte conduite,
Qui d'vn rien tout de tout as fait de ſuite en ſuite,
Diſpoſant les humains par vn eſtroit debuoir,
Collauder ton ſainct nom, ton ſacré ſainct vouloir.

II

L'ordre que tu as mis en l'Art & la Nature,
Nous faict voir en tes faicts vne riche ſtructure,
Que la Terre & les Cieux qui ſont

edifiez,
D'vn ſupreſme vouloir ta main a ordonnez.

III.

Et puis apres ce corps où tu as mis noſtre ame,
Eſt agittée touſiours de ta diuine flãme,
Laquelle vn temps viuant recherche le mourir,
Pour le mortel ſuruiure en l'inmortel deſir.

IV.

Car la vie & la mort giſt en ta cognoiſſance,
Que l'immortalité ſuruit par ſa naiſſance,
Pour ſuiure les ſentiers de la vie aduenir,
Tu veux que bien viuant ſoyons preſt à mourir.

V.

Et l'homme ayant veſcu ſelon ta ſainćte grace,

Mourant il suruiura te voyant face à face,
Estant receu de toy pour sa derniere fin,
Où est ton sainct Soleil & le lieu Cristalin.

FIN.

AZOTH,

OV LE MOYEN DE FAIRE l'Or caché des Philosophes.

De Frere Basile Valentin.

eueu, corrigé & augmenté par Mr. L'agneau Medecin.

A PARIS,
ez PIERRE MOET, Libraire Iuré, proche le Pont S. Michel à l'Image S. Alexis.

M. DC. LIX

AZOTH, OV LE MOYEN DE FAIRE l'Or caché des Philosophes, de Frere Basile Valentin.

Premiere Partie.

ADOLPHE, LE VIEILLARE.

VEnerable Vieillard, bien vous soit, vous apperçeuant il y a ja long-temps, de loing, seul, proche de cét arbre, pensant ie ne sçay quoy en vous-mesme, ie ne puis plus tarder que ie ne m'aproche de vous, pour m'informer du sujet de ceste meditation.

le Vieillard.

Pour vray (ô ieune Adolescent

maintenant il m'eſt permis de cognoiſtre les choſes qui me ſembloient en mon ieune aage incroyables,& hors de raiſon, car lors que i'eſtudiois, bouffi d'orgueil, ie me preſumois ſçauoir toutes choſes, & maintenant à la fin de mon aage, ie prens plaiſir de rechercher auec grand ſoin, ce grand liure plein de difficulté de la nature, encore que ie voy toutesfois toute occaſion & lógueur du temps, paſſer comme vne eau coulante, & dequoy grandement ie me plains.

Adolphe.

C'eſt à la verité ce que i'admire en toy (ô Vieillard) quand ie conſidere les affections ſi contraires entre nous : car il te ſemble que le temps s'enuole deuant la ſaiſon, & les iours me ſemblét aller trop lentement, pour ceste cause il y a long-temps que ie desire monter à cheual & trouuer compagnie plaisante qui me puisse oster la fascherie que m'aporte le temps coulant si lentement.

Le Vieillard.

Certainement, ô amy, ie vous voy en la fleur de vostre aage, d'vne face liberale, partant ie serois tres-aise de sçauoir vostre nom, & vostre race, estimant que n'aurez des-agreable, si tout soupçon de fraude osté, ie demande vostre nom, & la condition de vostre vie.

Adolphe.

Mon nom est Adolphe, & ma Patrie Hassie, l'aquelle m'a enseigné les lettres dés mon bas aage, & aduancé en aage, i'ay laissé les estudes, & ay appris la marchandise, & n'ayant ny Tuteur, ny Gouuerneur, mesmes administrant mes biens paternels, i'ay eu enuie d'aller voiager, & voir les terres les plus esloignées, & certainement deuant toutes choses, il me plairoit aller à Rome, maistresse de l'Vniuers, auec compagnie, toutesfois ie desire auant entendre vostre conseil, comme homme bien versé à l'vsage des choses, & experience.

le Vieillard

Mon conseil ne vous manquera pas, pourueu que vous ne refusiez d'obeyr aux bons aduis que ie vous donneray, pource que i'ay moyen de vous en ayder plus facilement; ayant la cognoissance de ces lieux.

Adolphe.

I'estime qu'il me sera loisible de vous obeyr à vous principalement qui estes vieil, & auez l'experience des choses : de grace monstrez à celuy qui erre, & suit les chemins obscurs ? vous iugerez auoir trouué vn auditeur docile & attentif.

le Vieillard.

Vous dites, mon fils, que vous auez desir de voir Rome, mais tenez-vous pour persuadé que i'ay veu veritablement ceste teste de l'Vniuers, mais estant maintenāt fait plus sage par l'aage, ie suis plus aduisé & attentif aux perils & dangers. Or suiuant mon aduis, ne veüillez conuerser longtēps en ces lieux, car ce lieu-là est à la verité, ce que ie vous diray plus amplement cy-apres. Mais il me desplaist grandement que ie vous voy accuſer la longueur du temps en ſi parfaitte ſanté, bien que vous n'ayez enduré la violance d'aucune maladie, eſtát en ceſte fleur d'aage. Ie ſouhaitte donc que vous eſtimiez ces choſes deuoir eſtre priſées auec plus de conſideration, car vous voyez que i'ay pluſtoſt acquis ces choſes en moins de temps, que ie n'ay paſſé ceſte longueur de ma vie: il n'eſt licite de paſſer le téps en oyſiueté, mais pluſtoſt ſoigneuſement, & auec diligence, s'addonner à la cognoiſſance de Dieu & de ſes œuures, & y employer les forces de nos ſens, car nous ſommes cree à l'Image de Dieu, à ceſte fin et non pas à la ſemblance des beſtes, qui ont eſté produites pour noſtre vſage. Nos yeux donc ſoient ouuerts, & nos oreilles attentiues pour loüer Dieu, fuyr l'oysiueté, & employer le temps aux estudes.

ADOLPHE.

Veritablement, mon Vieillard, il me semble auoir desia compris les choses qui me sont necessaires, car i'ay acquis la cognoissance de la langue latine, & la notice, recueillie de la doctrine Aristotelique. I'appercoy bien qu'il n'est de besoin de se trauailler tant en ces estudes principalement quand ie recognois que toutes choses sont imparfaites & vaines, & qu'il n'y a aucun Maistre ou docteur de l'art, qui conduise les actions en telle sorte, sans fraude & tromperie, qu'il puisse acquerir dextrement la fin desirée. L'estude de l'astronomie, qui deburoit estre deuant tous autres Arts tres-certain, & indubitable, eſt du tout incertain, trompeur & inconſtant, on fait pareil iugement de la Medecine. Qui eſt celuy qui conſidere les mauuaiſes couſtumes & erreurs qui ſe gliſent és eſprits ſacrez des Theologiens, veu que l'on ne doit douter de la Saincte Eſcriture, de ſa fermeté & conſtance, & neantmoins elle eſt preſque priſe en diuers ſens de tous, & n'y a fin aucune des controuerſes, par icelle les vns eſpiét la vie d'autruy, les autres tuënt l'ame, les autres pourchaſſent les biens, & n'y a fin aucune de larcins, de rapines, de debats, & querelles, & chacun a couſtume de loüer, & dire ces œuures eſtre, ou de grande doctrine, ou de prudence, ou de force. Mais encore que ieune, ie ne puis consentir à ces choses, bien-que ie n'estudie plus principallement à cause que ie voy que le vray but est de chacun presque delaissé, & que ces iours passez il me fut reproché par vn certain Villageois, que les plus doctes sont les plus meschans, & les plus pernicieux : & aucuns craignent (non sans raisõ) que les doctes porteront la peine de ceste chose par leur propre méfait : Et n'y a raison aucune pour laquelle nous nous retirons de la vraye & celeste doctrine, veu qu'elle nous a esté diuinement delaissée par le Verbe Incarné, comme ie l'ay cy deuant entendu de vous. Mais pour mieux dire, la sagesse humaine & le cercle inconstant des doctrines est imparfait, & croy que vous ſerez de mon opinion en ce.

LE VIEILLARD.

Il eſt bien vray-ſemblable, & ie m'attribuë la cognoiſſance de la langue latine, mais la notice des langues eſtrangeres n'a point de lieu propre, ny peculier, & ne ſemblent neceſſaires aucunemét: comme eſt la langue Hebraïque, & Grecque, par leſquelles la cognoiſſance de tous les Arts nous a eſté anciennement enſeignée, & nous voyons auſſi que ces langues eſtrangeres ſont principalement neceſſaires aux maiſons des Princes, à cauſe des affaires diuers, & eſt vn excellent don de Dieu, lequel paroiſt à l'exemple de ceux qui édifioient la Tour de Babel, entre leſquels y eut confuſion merueilleuſe des langues, à celle fin qu'eſpars par toutes les contrées, & parties du monde, ils ne se peussent accorder. Toutesfois ces choses estoient tellement gouuernées de Dieu, tres-bon, & tres-grand: qu'ils se seruirent, & par la force du Sainct Esprit (les deuots de tous les Gentils amassez) ceste Tour, bastiment fol, a esté conuertie par le ministere des Apostres, en Temple de Dieu, sainct & sacré, dans lequel sont entenduës les loüanges de Dieu, car la confusion ne plaist à Dieu, comme au contraire le Diable est Autheur de discordes, & querelles, & Dieu en Trinité nous demande la paix, & la concorde, mesme de toutes choses; Ceste est la paix, apparoissant par dessus tous, en laquelle le monde a esté fait, & reluisent les Gouuernemens des Royaumes en laquelle

Iesus Christ nostre Sauueur, & ses Disciples, nous ont laissé vn exemple qu'il faut imiter auec soing. Et certes, ces choses suffirōt de la cognoissauce des langues diuerses, mais quand au salut des ames, il n'est pas necessaire d'employer son aage pour acquerir la cognoissance des langues, mais il est expedient que nous entendions les sermons sacrez des Predicateurs, & que nous lisions les Escritures Sainctes auec diligence, comme ils sont, és principalles trois langues, la langue naturelle est proposée à tous, de mesme la Philosophie naturelle, & le soin d'acquerir des biens de fortune. Mais les sages mondains, & les rusez de ce siecle prennent chemin diuers, non contents du gouuernement ordonné de Dieu, cerchent les estrangeres & contraires: De là le precieux thresor du temps est dissipé, & les Ames en grand danger de succomber à la fin du siecle, que Dieu visitera la derniere Ville de Hierusalem, c'est à dire, le monde vniuersel, & le iugera: Aussi semblablement paroistront les trois ennemis capitaux, & principaux, les spirituels comme ils estoient deuant la venuë de Iesus-Christ, & sa Passion, mais à son dernier aduenement leur conseils seront vains & ridicules deuant le Tribunal de Iesus-Christ. Si donc il arriue que ceux-là viennent par cy-apres, nous cognoistrons la fin du monde approcher: car en mesme temps les diuerses sectes des Pharisiens, Sadducées, & Esséens se leueront: sçauoir si les

Pharisiens Operateurs n'estoient pas arrestez à la terre, occupez aux œuures externes, n'ayant cognoissance de l'Esprit, ny de la venuë du Messie. Les Sadduceens ne nioient-ils pas la resurrection des morts? Les Esléens réplis de l'Esprit Anabaptiste ne combattoient-ils pas contre la Saincte Trinité? le premier blaspheme contre la puissance de Dieu, le second contre la misericorde, & le troisiesme plein d'iniure contre le iuste & vray Esprit de Dieu. On cognoist de là que les hommes sont tousiours contraires à la loy de Dieu, & bien qu'ils fussent plusieurs en nombre & diuersité de sectes, toutesfois estoient nommées les principales, lesquelles taschoient de nuire en la doctrine de la Saincte

Trinité:

Trinité: car les vns d'Orient, les autres d'Occident, changeant seulement leurs noms, multiplioient de iour en iour en malice, & les Iuifs estoient en petit nombre, & y auoit peu de Iuifs qui fussent addonnez au vray cult, lesquels menans vne vie secrettte, auec grand soin, ils fuyoient les embusches de ce monde. Il faut donc esprouuer tout esprit, mais qu'vn chacun de nous s'esprouue soy-mesme par le Verbe diuin, comme par la pierre de touche: que si ainsi est, cét Esprit en espluchant d'vn chacun la conscience, de meurera à toute esprouuée: Ces choses soient dittes de la cognoissance des langues: & tenez pour certain que la conseruation naturelle, iournaliere, & eternelle de l'homme, & sa cognoissance ne consiste seulement à la recherche du corps animal, (car il n'appartient qu'aux hommes d'errer) mais plustost en l'acquisition de la perfection de l'vne & l'autre partie, c'est à dire, tant du corps que de l'esprit, au Verbe Diuin, laquelle conseruation l'inuestigation de nature doit suiure, car nous prenons de Dieu nostre origine, nous retournons à luy mesme, & en iceluy nous nous arrestons, car le Verbe est la seule regle & le sceptre, & la nature la regle de toutes creatures, preparant la voye pour l'habitation de l'ame & du corps, par lesquelles choses on cognoist certainement le sage, aymant Dieu. Aristote n'a pas eu vraye cognoissance de toutes ces choses, encore qu'il fut de grande doctrine, & excellent par deſſus tous, en ſubtilité de raiſon humaine, car il eſt permis de le voir aueugle aux choſes de ce monde. Il en faut autant dire de ſes ſectateurs, encore que leur nom ſoit en grande eſtime & authorité enuers pluſieurs. Or deuant toutes choſes il faut exactement conſiderer le temps, & ſuiure l'eſtude de verité & iuſtice de toute noſtre force, & implorer l'aide du Sainct Eſprit, qui nous eſlargiſt la cognoiſſance des choſes ſpirituelles, & virilement prendre garde que par les vices nous ne tombions dans le labyrinte de ce monde mais ſuiuans le bien & equité, & ne permettans écouler vn iour ny heure ſans trauailler, toutes nos actions conduiſions à la gloire du nom de Dieu, & au proffit du prochain.

Adolphe.

Vous auez si amplement parlé de toutes ces choses, mon Vieillard, qu'à peine en ay-je retenu quelque partie, dont ie vous puisse respondre, ie voy bien qu'il faut suiure le bien en toute diligence & soin, & n'estime pas qu'il soit bon se haster de respondre à tous les points ensemble, mais lentement, & apres y auoir bien songé.

Le Vieillard.

Il faut apprendre, mon amy, les choses que vous confessez ignorer encore, car ie confesse que par le moyen des sages & anciens, ie sçay le chemin facile & desiré, lequel ne desesperés pouuoir atteindre, pourueu que vous y apportiez la volonté & diligence requise.

Adolphe

Certes i'ay grand desir d'entendre de vous toutes ces choses, & employeray tout mon estude & labeur pour satisfaire à mon desir, principalement quand ie cognois que toutes ces choses son vtiles & honnestes.

Le Vieillard.

Deuant toutes choses est à considerer auec beaucoup de raison la noblesse & excellence des sept dignitez, lesquelles ie vous mettray par ordre maintenant, qui sont, la santé heureuse, & la charge soigneuse du temps, laquelle est triple, mais est à rejetter le soin de la bonne grace, de l'authorité & estimation humaine, comme aussi de la force, & de la puissance, & des richesses, & de sa propre commodité, car ces quatre sont dons desquels ont accoustumé les hommes d'abuser, sans y prendre garde. Que si Dieu tres-puissant, & tres-grand, ne nous visitoit à cause d'iceux dons par afflictions & tentations, & qu'elques fois par mort soudaine, aussi ne patientoit (comme par maniere de dire) de chastier les humains (car deuant luy il n'y à point esgard des personnes, consideration de dignité, aristarque l'esprit de l'homme, ignore ce qui est, & se fait soir & matin) nous paruiendrons facilement à la contemplation & cognoissance de ces biens. Mais vn chacun de nous a aussi soin, apres le salut de l'ame, de l'eternel & perpetuelle santé, de la paix durable, de l'angelique beauté, de la force & celeste sapience, & des thresors de la gloire, lesquelles choses nous sont promises, & en attendons le fruict & communication par nostre Sauueur Iesus-Christ, mais non pas en ce corps corrompu & gasté. Si nous perseuerons iusques à la fin de cheminer en ses voyes & enseignemens, & iusques à l'arche vraye de consideration. Car qui obeyra à la volonté Diuine, descouuerte & demonstrée au liure de vie, son nom ne sera effacé de ce liure de vie, car nous sommes tous appellez. Encore que veritablement ie deburois dire quelque chose de la gloire de ce monde, laquelle est vraye, toutesfois est nulle, & du tout morte, comparée à la gloire celeste, encore qu'elle soit vn thresor tres-precieux, car ie la recognois telle, ſinon qu'elle eſt caduque & vaine, non pas perpetuelle & immortelle comme la gloire celeſte, Ieſus-Chriſt. Or heureux & vrayement heureux ceux, l'eſprit deſquels Dieu illumine par les afflictons, & les conduit iuſques là où il ſemble que les choſes temporelles n'ont point d'efficace, car alors le debat ſpirituel, la lutte & les armes, paroiſſoient à ceux qui en vſent: Mais ie ſuis d'accord que ceſte force deſpend du ſeul Verbe de Dieu, & eſt concedée aux hommes à l'article de la mort, mais non pas à tous: de l'à auſſi prenans les choſes au rebours qu'elles ne ſont, & faiſant peu de conte de la vie celeſte, nous menons vne vie du tout oyſeuſe & voluptueuſe, eſtimans que nous nauons qu'à combatre la nature, bien qu'il en aille autrement, d'où vient la seuerité en toute la vie de l'homme, qui fait office de tyran. De là est éuident que l'esprit de l'homme est assujetty aux passions & tourmens, aussi comme l'esprit a le premier peché, il a consommé les pechez en second lieu par son corps. En la mesme façon le chagrin perpetuel & l'affliction precedent la mort, & la fait paroistre à l'homme plus horrible que toutes les choses, & principalement à ceux qui ont mené vne vie sale, vilaine, & deshonneste, alors le remords de conscience trauerse les ames des hommes de mille tentations. Pleust à Dieu que nous congneussions vrayement la gloire d'iceluy au temps de la grace offerte, & que la peussions comprendre des yeux,

& des oreilles, comme constituez au precedent, & à l'aduenir, par son verbe, dans le quel sont cachez les thresors celestes & eternels, & qui demeurent apres la fin & desolation de toutes choses, bien que toutes choses soient remplies de la Majesté Diuine, & que d'icelle toutes les creatures & œuures de ses mains portent témoignage au Ciel, soubs le Ciel, en terre, & sous la terre. Car en toutes ces choses, il estoit l'oisible de contempler Dieu souuerain, & maistre en la puissance de sa vertu, & en sa bonté: Que si nous considerons cela auec diligence, nous trouuerons qu'il nous conuient contempler les grands thresors de la sagesse, affin que outre la cognoissance de son verbe, tremblans deuant sa face, à cause de l'imbecilité de noſtre eſprit, nous puiſſions acquerir iceux threſors (qu'à grand peine pouuions-nous iamais eſperer) quand nous conſiderons Dieu tres grand & tresbon, auoir creé toutes choſes par ordre, bon, & decent en noſtre conſideration. Car l'homme cõtemple vrayement Dieu en Eſprit, & peut ſe reſioüir en iceluy, quand il ſçait qu'il eſt en Eſprit l'Image de Dieu, & qu'il veut conduire les actions de ſa vie ſelon la loy de Ieſus-Chriſt, premier Adam, & precurſeur des actions, à l'vtilité du prochain. Or en la vie future & parfaicte, nous aurons cognoiſſance entiere de la gloire diuine, ſans aucun trauail & peine nous apprendrons ce que en ceſte vie nous-ſommes contraincts de deuorer: en ceſte vie là, l'honneur & la gloire du nom de Dieu sera parfaict, & demeurera à perpetuité, car nous auons apperçeu sa misericorde renouueler tous les iours, & sa gloire ne pourroit estre assez chantée par la voix des Anges, & ne pouuons nous autre hommes assez diligemmment rechercher & loüer les diuins mysteres, si le Sainct Esprit ne nous assiste Or les meschans qui ne regardent qu'à leur profit particulier, ont tousjours deuant les yeux l'affliction perpetuelle de ce feu eternel : la faim & la soif les accompagne, la vision des Diables, la froideur & chaleur intolerable qui mesme affligent & tourmentent les Demons, encore qu'ils ne puissent sentir les passions elementaires mais seulement sentiront les peines eternelles & spirituelles, desquelles choſes nous ne pouuons rien dire de certain, ſinon ce que nous auons eſpuiſé dans les myſteres du Verbe Diuin. Auſſi que nous deuons conſiderer & examiner l'eternité, & la durée du temps, qui ſera à iamais, & prier Dieu tous les iours, & à tous momens, affin qu'il nous deliure de l'ennemy, qui taſche de nous opprimer par infinies tentations & maux, en toutes nos voyes & ſentiers comme auſſi les autres creatures & les elemens, les corps celeſtes & les eſprits qui s'efforcent de nous nuire, ſi Dieu en ceſte partiè ne nous aydoit. Or ſur toutes choſes eſt neceſſaire la priere feruente, par laqu'elle nous demandions l'aide & ſecours du Sainct Eſprit, affin qu'aydez de ſa grace, nous entendions & apprenions ſans relasche la parole de Dieu, par laquelle parole nous auons confiance en Dieu, qui est la regle & la pierre de touche de nostre vie, quand luy mesme dit; faites cela, & vous viurez. Et en autre lieu, qui a peché fasse penitence, & ne peche plus; car il ne se res-jouyst pas de la mort du pecheur, mais veut sa conuersion, & qu'il viue. Mais pour ce qui touche la cognoissance de nostre chair, il s emsbleroit de prime face qu'il n'y à aucune puissance celeste, la colere de laquelle, & ses peines, seroient à craindre, quand nous ne pouuons voir de nos yeux, & entendre autre chose, sinon choses caducques, mortelles, & terrestres, & non pas la volonté Diuine. Mais les choses sont bien autrement, car nous auons Moyse,

& les Prophetes, & la voix qui crie au desert, qui annoncent la parole de Dieu, & sa volonté, & preparent la voye, de laquelle nous soyons estimez dignes en ce grand iour de nostre mort, & vniuersel iugement; quand toutes les actions des hommes seront examinez selon la reigle du liure de vie, & le tesmoignage de l'esprit, & la sentence sera donnée contre toute chair viuante, car à lors les Infideles verront celuy, duquel ils ont percé le costé, quand ils ne l'ont voulu voir inuisiblement en esprit, & par foy, s'ils n'ont mis les doigts aux playes a luy faites par les Iuifs, considerant plustost les choses qui conuiennent à la nature de ce monde, que celles qui sont attribuées au Roy Celeste

Adolphe.

Il me sembloit certainement entendre la predication de quelque pasteur, bien que ie ne puis nier que ces choses spirituelles me sont à charge, & qu'il n'est pas permis ordonner les actions de ma vie selon ceste reigle, mais paraduenture & aucunes-fois on se plaist d'auoir appris & parfaict ces choses. Cependant toutesfois ie m'esforceray faire toutes ces choses diligemment, & autant qu'il me sera possible, & que les forces de nostre imbecilité humaine le permettront, & d'autant que vous auez fait mention du thresor de ce monde i'ay grand desir de sçauoir de vous qui est ce thresor mondain, car il me semble l'auoir il y à l'ong temps congneu, & qu'il n'y en ait autre que les

les biens & richesses de ce monde, que s'il y en à vn autre contraire à mon opinion ie souhaite grandement en sçauoir de vous la description & entiere cognoissance.

Le Vieillard.

Sçauoir si i'estime que tu desire la cognoissance entiere de ce; quand tout le monde brusle de le sçauoir: Mais ayes cela pour asseuré, que ce tresor est l'essence spirituelle & plaine de vertu non seulement abondante en richesses mais aussi en science de medecine: & certes d'vn tel breuuage medicinal, par lequel les hommes sont deliurez de maladies insupportables par la faueur & grace diuine; Ausquelles maladies mesme vn autre medecin ne peut donner soulagement. Or ce myſtere ſurpaſſe de beaucoup toute l'excellence de l'or & de l'argent, & eſguillonne la raiſon humaine, & eſt plein de myſteres qui ſemblent aux autres incroyables : de toutes ces choſes vous pouuez lire la reuelatió Hermetique de Theofraſte, ie ne vo⁹ veux pas dire maintenant quel il eſt, car ce miſtere eſt vn ſecret caché dés le commencement du monde, iuſques icy, & eſt telle la volonté de Dieu, & ne vous reueleray plus amplement ce ſceau de Nature, à la façon des anciens Philoſophes; & ſes ſecrets ſont aſſez appertement & au long declarez par les autheurs, mais par prouidence diuine il a eſté concedé que ce myſtere ſoit reuelé aux pieux & deuots ſectateurs de ceſt art, car des le commencement il cognoist toutes les choses futures, & telle est la prouidéce diuine, aux pieds de laquelle les hommes doiuent ietter les faisseaux d'orgueil.

Adolphe.

Encore que vous vous soyez efforcé iusques icy de cacher ces choses par vne couuerture pure spirituelle, toute-fois cognoissez & entédez maintenãt ce que vous voulez inferer de là, car ce mistere est la verité & la pierre des Philosophes mentionnée en leurs escrits, composée de la premiere matiere: sçauoir est, de Sel, Soufre & Mercure. Tous les liures font mention de ceste pierre Philosophique & tous les iours ont esté mis en lumiere plusieurs écrits, & mesmes ay cogneu quelques vns qui addonnez à cest art, & m'en ont conferé, & ont accoustumé de mõstrer des escrits, lesquels moy mesme ay changez en quelques lieux. Et encore qu'à la verité ils soient soigneusement & artificiellement trauaillez, toutefois sont corrõpus, & malicieusemẽt changez d'iceux. Dé là l'Imprimeur & le vulgaire, ignorant, se sont trõpez & le guain est pour ce seul rapetaceur, d'ou ie recognois vn grand scandale. Outre ces choses nous ne voyons d'aucuns la fin & l'effect de l'art: Et les artistes sont semblables au rare & noir Cigne, qui ont trouué son vray vsage, aussi qu'à plusieurs és escoles les preceptes de l'art sont tenus pour fables & sornettes, ce que i'ay entendu des plus doctes, qui disputãs auec les artistes, les ont appellez rappetasseurs, imposteurs, & impudens, à cause du peu de certitude &de cóſtance qu'ils ont en leur art, & iamais ie ne croiray que ces extracteurs de l'art puiſſent produire de l'or & de l'argét des autres metaux inferieurs, ou bié ie penſe qu'ils les font, ou par la vertu diuine, ou par enchantemens, ou par le myſtere des demons, principalement quád i'ay entendu que pluſieurs eſtoient ſoupçonnez, nó ſans cauſe, auoir familiarité auec les demons. Mais ie deſire entendre de vous (hóme venerable) plus ſoigneuſement, à cauſe que ie voy que vous en auez la certitude, bié que vous refuſiez de me reueler les miſteres principaux de l'art: Mais ordonnez de cét art, & donnez plus ſain iugement de la transformation des ſecrets de nature, ſçauoir ſi ce don eſt concedé aux hommes de Dieu, tres-bon, & tres grand: car quandi'y pense; ie suis grandement estonné quand principallement il me souuient auoir leu quelques choses sur ce subject, & me sembloit moins pouuoir entendre leur sens, & que les trompeurs de l'art ont acoustumé d'vser de maniere de parler, caché & differant des autres, de là procedent les despences vaines de tant d'ānées, de frais & de labeurs immēses, qu'il n'est loisible de crier que l'esperance est du tout douteuse incertaine & trompeuse qui nourrit les enfans de l'art, principallement quand le vray effect de cest art n'est veu en aucune part. *Le Vieillard.*

Mais, ô amy, ie vous monstreray la fin & le vray effect de cest art, affin que vous sçachiez la certitude d'iceluy, & que ie la possede vrayement, mais que cela soit dit de la pierre, & vous persuadez que i'ay vraye cognoissance de la racine de cest arbre, ensemble auec les choses necessaires à cest estude, laquelle racine toutesfois est incogneuë de tous les autres, & du vulgaire. Ne vous lassez pas quand vous verrez que ie seray plus long que de coustume quãd ie disputeray de ces choses: car la raison de cest art le requiert, & les choses principalles premieres & excellentes doiuent proceder en apres les terrestres. Or ie répondray cy apres auec plus de longueur & auec questions que vous m'auez proposées demonstreray éuidemment auoir dit choses vrayes.

Adolphe.

Ie desirerois deuãt toutes choses sçauoir la raisõ pour laquelle nous ne cognoissons aucuns artistes qui ait acquis la perfection, & sçache exactement la transmutation des metaux, au contraire cét art est mesprisé des plus doctes. qui toutefois à bon droit en deburoient auoir l'entiere cognoissance, quand principallement il n'est sans fruict & vtilité, bien que ie n'aye entẽdu, ny veu en aucun lieu, aucun qui ait acquis par ce moyẽ les richesses de Cresus. Et encores veu que vous vous attribuez la cognoissãce de cet art, vous estes pauuremẽt vestu en Hermite. Mais si i'auois la cognoissance de la procedure de cét art excellent& porte richesse, i'amasserois de grands tresors, & les richesses du monde, & achepterois des estats & dignitez si grãdes, que les plus puissans Roys du monde s'en espouuanteroient, &

en auroient enuie, car les artistes faux en promettét de mesme aux autres. toutesfois ie desire entendre vostre opinion de ces choses.

Le Vieillard.

Il semble que vostre opinió soit semblable à celle du vulgaire de ce monde, & de tous les fols qui cherchét auec soin les tresors des richesses corruptibles, & les allechemens des voluptez, l'intentió des philosophes & leur aduis est bié autre, car ceux ne sont dignes du nó de philosophes, qui courét apres telles folies, mais ceux qui s'adonnent soigneusemét à la cognoissance entiere des mysteres diuins, & employent leur estude & labeur au seruice de Dieu, tres bon & tres-grand, chassans d'eux la vanterie, l'ambition, & le soin d'amasser des richesses terrestres, encore que necessaires, & que

Dieu nous les eslargisse misericordieusement pour cette vie, les estudes de ce secret sont bien autres, l'intention est bien differente qui s'occupe en la seule acquisition laborieuse de l'argent & richesses, & au superbe fast des dignitez en haine desquels les Philosophes ont de coustume voiler ces mysteres de l'art, de peur d'encourir la violãce, & oppression de la famille de Nembrot. Et est mesme raison pourquoy ces secrets sont cachez à ces basteleurs, & joüeurs de passe-passe, car il s'ensuiuroit en la publication de ce mystere vne grãde confusion & trouble de chaque ordre de ce monde, veu que toutesfois la distinction des ordres a esté establie de Dieu, & qu'elle soit tres-necessaire pour entretenir les hommes en paix & concorde: car Dieu tres-bon & tres-grand a tellement espars ceste distinction d'ordres & degrez entre les humains, que les vns seruiroient aux autres, & les conserueroit en paix iusques à ce qu'ils fussent conjoints les vns des autres, tout ainsi que le Philosophe Artiste separe l'vn de l'autre; l'ame, le corps, & l'esprit, & les conjoints semblablement. Or ceste diuine sepation de Dieu tres-bon & tres-grand, ne doit estre faite d'aucun, s'il n'a le commandement du Verbe de Dieu, de reprimer les meschants, pource que seul il est l'vnique verité & iustice, & ce qui est hors cela, ce n'est que blasphème & abomination deuant Dieu. Car de là le Magistrat qui tient la place de Dieu, a pris entiere puissance diuine, aussi sera la punition & vengeance de la loy contre celuy qui respand le sang humain contre ce precepte, car Dieu n'accepte personne. Or ceste separation diuine est auec diligéce considerable, & en grande estime. Mais il semble que ces choses soient dittes hors de propos, qui toutesfois apportent grand proffit & vtilité au genre humain, & pour ceste cause il m'a semblé bon l'adjouster, & à la verité au liure d'Ezechiel le Prophete, il est faict mention de quatre vẽts, qui soufflerent les os morts, qui estoient enuironnez de chair par iceluy, & là mesme est parlé de l'esprit, qui a detenu ces ossements, mesmement de la dissipation & retour des vents. Nous voyons aussi en l'agonie de la mort toutes les parties des hommes estre separées l'vn de l'autre, car alors les quatre elemens, l'esprit, & l'Ame, lesquels sont manifestez du nom d'esprit, sont despartis, & se separent l'vn de l'autre: En leur lieu, l'eau & la terre elementaire sont conjoints, & vn autre air aussi & feu, sont espaissis. L'esprit astral de la vie, l'homme interne & inuisible, retourne au Ciel, & est esleué sur les elements, l'ame va au sein d'Abraham, suiuant les promesses de Dieu, & repose sur l'autel, iusques à la consommation du monde, & que toutes choses soient accomplies. Nous voyons aussi comme la terre nous fournit de viandes iournalieres, dans lesquelles est caché cét esprit des Elemens, comme la nourriture, & aussi celeste essence, en pareille raison nous auons aussi la nourriture de l'eau & du feu, par lequel nous conseruerós le temperament du corps terrestre, lequel contiét le feu & l'eau spirituelle, pour réforcer l'esprit interieur. Car comme la terre a ces deux choses en soy, pareillement le Ciel, qui est dit quinte essence, car il est bien plus noble que les elemens, & est la viande de l'esprit: comme le Verbe de Dieu est la nourriture des ames, & est fait corps, affin de dóner la beatitude celeste au corps, à l'ame, & à l'esprit, encore qu'il ne soit viande & nourriture corporelle, mais le lien & sceau de la promesse, & du liure de la vie, en tesmoignage de la verité, à cause de nostre foy petite, & de la cognoissance foible de la diuinité, tant Dieu ayme grandement les choses naturelles & spirituelles, & veut que toute sa creature soit en l'homme, & en la conjonctió de Iesus-Christ, par lequel les pechez sont pardonnez. Car comme le Verbe diuin est le principe de toutes choses, pareillement aussi est le principe de l'image de Dieu, car pour escouter le Verbe de Dieu: de cette fleur du Sainct Esprit commence la foy, de la semence de cette fleur naist vn arbre des bonnes œuures, encore que les bonnes œuures, ne meritent le salut eternel, mais la foy au verbe de Dieu ce que nous disons impossible. Ensemble estre fol deuant nostre face, ce verbe est vn amour magnetique par lequel il nous attire à luy auec les bons & ne peut estre separé de persóne, n'y a pareil amour Astral magnetique, & la nature terrestre l'esquelles choses on doit cósiderer auec la balance tres-exactement; comme est grandement à considerer en la cognoissance de nature, ce que l'homme interieur fait en la nature, lequel hóme interieur est inuisible & celeste, mais l'ame est supernaturelle & superceleste, desquelles choses nous ne sçauons rien que ce qui nous a esté reuelé de Dieu. Or la nature propose les esprits naturels, encore qu'ils soient grands, & ont le soin d'vne consideration secrette, & l'homme corporel ne peut entendre les choses spirituelles si l'esprit de verité ne luy estoit reueué par le Roy des esprits,

prits, & le Sainct Esprit, par iceluy tous les arts, la sapience & la science sont examinez, cest esprit excite aux Chrestiens vn feu superceleſtiel d'amour, & vn esprit magnetique de sapience, & nous enflamme & nous laue de pure eauë, & nous rend nets, affin que nous fassions penitence pour nos pechez, & que ne mourions tous les iours en noz offences, d'ou vient le recit frequent de l'eauë & du feu, du sang & de l'esprit de l'eauë, qui est celuy qui donne la vie, car nostre peché est de couleur sanguine, & la recompense du peché la mort noire, la croix & l'affliction, mais des deuots & pieux la robe blanche & la couronne de gloire. Ces choses amplement dittes suffisent maintenant: venons à l'explication des questions de vous proposées, lesquelles ie vous diray par ordre, & monstreray la certitude de cest art par la chose mesme, en telle sorte que vous n'en pourez douter. Or quand à ce qui appartient à l'autre objet par lequel vous tenez que plusieurs doctes ont vne cognoissance fort petite de cest art, scachez que c'est la volonté de Dieu, & que cela est faict pour quelque consideration & certain proffit, car Dieu reprouue toute superbe & ambition & donne ce tresor aux humbles & pauures & non pas aux grands & aux enfans de ce monde, lequel tresor l'homme doit mettre à charge selon la loy du Seigneur pour son honneur & gloire, & pour soulager les pauures, de peur que plains d'oiſiueté ne delaiſſions la charge de noſtre vie, mais que nous faſſions les œuures de noſtre vocation ſuyuant la volonté de Dieu. Que ſi ce treſor ſe donnoit a tous: qu'elle confuſion (ie vous prie) ſeroit ce entre les mortels : Et ne voy pas par quelle raiſon ſe pouroit verifierle dire de Sirac: Mon fils, ſi tu veux plaire & ſeruir à Dieu prepare toy au iour de l'affliction ? ce qui eſt dit veritablement de la pauureté, diſette & imbecilité humaine, comme vous pourez facilemét coniecturer de vous meſme, & n'eſt auſſi baillé aux hommes d'vſer de ce threſor comme bó leur ſemble, car la nature de l'homme eſt malitieuſe & deprauée. Or ne reuelez ce ſecret à perſonne, & ne le dónez à l'ame ſuperbe auaricieuſe & ambitieuſe, car c'eſt l'honneur & la ſeule gloire de Dieu, mais fais ainſi, ſi la fortune te fauoriſe, garde-toy de t'enorgueillir, ſi elle tourne garde-toy de ſuccomber, car Dieu eſt l'arbitre de l'vne & l'autre fortune, & les modere comme il luy plaiſt, & n'eſt moindre vertu deuãt la ſcience acquiſe, la rechercher auec ſoin que la tenir ſecrette quand on la ſçait, car ſi vous l'auiez reuelée autrement qu'il n'eſt permis, c'eſt art tres-grand pert le nom & dignité d'art. De là vn certain Philoſophe dit. Cache ceſt œuure deuant les yeux, de tous, comme la parole en ta langue, & le feu en tes yeux, meſme ne diſpute en toy meſme de ceſt œuure, que le vẽt ne porte les parolles à vn autre, leſquelles t'aporteroient de l'incommodité. Ie vous ay fidelemẽt aduerty de ces chose, c'est à vous d'y prendre garde, affinque vous ne soyez tourmenté de corps & d'ame. Or l'abus de ces dons tres-excellens de Dieu, est tres-grãd, lesquels Dieu donne de sa propre grace & liberalité, aussi est-ce vne grande ignominie & lascheté de ces dõs Philosophiques soyent reiettez & foulez aux pieds, & que les sciences soyent gastez meschamment des ignorans, pour laquelle ignominie aussi ils ne pourront voir cette lumiere. Or le crime d'auarice & de luxure, a tellemẽt creu és cœurs des enfans de ce mõde, que la Foy & la Iustice n'est pas gardée à leurs domestiques, & tous droits sont subuertis. Ie vous en reciteray vn exẽple, lequel i'ay, yeu de mes yeux, Il demeure en certaine ville vn homme tres-riche & regorgeant de biens, pere de plusieurs enfans auare, chiche & ne se fait pas du bien à soy-mesme à cause de l'auarice, il amassoit de grands tresors à ses enfans, lesquels nourris par la mere en toute abondance de choses, asseurez des richesses de leur pere, passant le temps en oysiueté, luxure & des-bauche, & comme ils croissoyent en aage, aussi leur meschanceté & vie multiplioit & comme le pere fust decedé, tous les iours despençant prodigallement en festins & banquets leurs biens paternels, plongez dans les vices & meschancetez, attendoyent, insensez qu'ils estoyent, l'accroissement des richesses (comme il auoit esté auparauant fait) mais en vain: ſentant de iour en iour la diminution de leur bien & richeſſes reduits en grande pauureté, ne laiſſoient de commettre de grandes meſchancetez; expoſez au des-honneur & à l'ignominie, le reſte de leur vie. Or toutes ces choſes ont eſté la cauſe qu'ils ont eſté mal inſtruicts, bien que premieremét ils euſſent eſté enſeignez en la cognoiſſance des meurs&des ſci ences. Car en ce reluit la volo nté de Dieu, qui veut que les ordres & degrez des hommes ſoient diſtincts & ſeparez, & que les vns ſeruent les autres: Auſſi tous les hommes en leur vocation & ordre ſont ſerfs & mercenaires: Car noſtre Sauueur & Seigneur luy meſme à fait des œuures ſeruiles, & a laué les pieds de ſes diſciples, mais l'honneur des vns est moindre; des autres plus grand, & nous sommes comme il plaist à Dieu nous benir. D'ou la reigle a esté ordonnée du pere de famille Dieu tres bon & tres-grand, en la maniere que tu seruiras en ta vocation, de mesme ie te recompenseray. Or Dieu en vn iour distribuë tellement les grands tresors des richesses, qu'ils semblent surpasser de beaucoup les richesses des plus puissans Rois, & toutefois ses tresors ne diminuët point, mais au contraire, tant plus il aura donné, tant plus il abonde, & cest pourquoy Dieu doit estre aymé deuant toutes choses & sur toutes choses. Nous voyons arriuer fort souuent des humaines richesses que celuy qui amasse des biens par auarice, mourant laiſſe vn ſucceſſeur liberal prodigue, ſuyuant le dire des doctes: Que les richeſſes adiouſtent des cornes au pauure, & precipitẽt le plus ſouuent celuy qui les poſſede en extreme malheur, & aux tourments eternels de l'enfer. Car ſi quelqu'vn a eu en abondance les biens & richeſſes de ce monde, a grand peine ſe ſoucie il de la vraye ſanté, & ne penſe à la paix celeſte, & ne s'eſtudie par liberalité d'aider les pauures, au contraire met toute ſa diligence & tout ſon ſoin pour faire amas de grandes richeſſes, & cependãt oublie Dieu, & les œuures de pieté. Or les ieunes hommes ſont en grand danger en ces allechemens du monde, encore que la prudẽce ſupplée au deffaut quelquefois de l'aage, mais les pieux ſont contraints de boire le calice des afflictions, les meſchans eſtás reſeruez aux peines d'enfer. Mais ce qui eſt plus à deplorer c'eſt que chacun ſe mocque & ſe rit de ces choſes, & que tous les enfans de ce ſiecle ne trauaillent qu'à laiſſer des richeſſes & des honneurs a leurs enfans ſans conſcience, qui leur raconte ſans mocquerie qu'il faut chercher deuant toutes choſes la ſapience diuine, ſans laquelle rien ne peut ſubſiſter en ce monde, d'ou vient que le ver de la conſciéce ronge les cœurs des miſerables de diuerſes tentations en l'agonie de la mort: car les hommes n'ont accouſtumé de chercher le ſalut de leur ame en vraye & parfaicte humilité.

Adolphe.

Il semble que les choses que vous venez de dire soient contraires entierement au but auquel vous pretendez, bien que ie recognoisse que ce que vous aués dit soit en ma faueur : toutefois adioustés diligemment le reste, car i'en attens la fin bien attentif. Cependant i'ay desir de sçauoir, comment ce fait que cest art & les misteres des Philosophes ne sont reuelez aussi aux autres, & qu'ils ne les cognoissent, veu que nous voyons tous les autres arts souuent estre sçeus du peuple, & quelquefois en y pensant exactement i'entre en grand soubson sçauoir si cella est vray.

Le Vieillard.

Vous auez entendu par cy deuant qu'il a esté imposé silence aux enfans de l'art, affin que ceste ſcience fut tenuë cachée à cauſe de la puiſſance des tyrans de ce mõde, & des meſchancetez des paillards ſuperbes, des vſuriers, des luxurieux & des autres ſcelerasts. Car tous les Philoſophes cachẽt la vraye cognoiſſance de cette ſcience auec grand artifice, d'autant que aucuns ayant acquis la poſſeſſiõ de cette diuine ſcience, en ont mal vſé, ont perdu ſon vſage & peruerty les commoditez, aucuns ayant eſté vexez par vne mort faſcheuſe, & les autres eſtans preuenus de la mort. Or il eſt beſoin que l'auditeur & le poſſeſſeur de ceſt art ſoit humble, pieux, taciturne, & debõnaire. Quãd Dieu donc vous aura eſlargy la ſcience & poſſeſſion de ceſt art, gouuernez-vous en cette ſorte, & ne l'allez vendre ça

&c là, mais plustost employés vo⁹ à soigneusement & auec grande diligẽce à la cognoissance plus secrette des choses, & auec œuures de vostre vocation, & fais du bien à ton prochain & a ton ennemy, car la loy du Christianisme nous oblige à celà : Il faut aussi resister de toutes nos forces aux ennemis de la foy, & soigneusement s'efforcer en cela, afin que les autres preparez à louër Dieu, ils chantent auec nous sa misericorde, mais à cause de l'ingratitude plusieurs choses sont cachées, & l'ignorance engendre beaucoup de maux, la science au contraire augmente les biens, & est le rayõ de la lumiere Il y en à plusieurs qui s'efforcent & employent à la recherche de cest art, mais ils ne s'estudiẽt aux vertus necessaires,

& principalement a le tenir ſecret. Ils tombent en vne meſme infortune que ce Phaëtō duquel parle Ouide, lequel ne ſçeut cōduire le chariot de Phœbus ſon pere, auſſi conuient auec grand ſoin garder ce threſor. Que ſi l'homme a conſideré ſeullement les paraboles et les miſteres, qu'il penſe eſtre abondamment ſatisfait, quand il voit en la nature le ſçeau et image de la diuine bonté eſtre imprimée, car la nature parfait toutes choſes diligemmēt ,& certes plus parfaitemēt que l'homme meſme, qui toutefois eſt la tres-noble creature & plus proche de Dieu , raiſonnable & aymée de Dieu , d'ou paroiſt l'excellence de l'homme ſur toutes autres creatures , & pour ceſte cauſe Dieu tres-bon & tres-grand luy a aussi proposé les preceptes & la vie eternelle.

Adolphe.

Ie confesse à la verité qu'il faut icy considerer de grandes choses, i'attends toutefois briefuement vostre opinion des paraboles, principallement quand vous auez dit souuent qu'il les conuenoit bien esplucher.

Le Vieillard.

Mais pour mieux dire il les conuient considerer deuant toutes autres choses, & pource i'en ay fait mention telle que i'ay laissé presque les autres choses sans en parler, l'esquelles sont infinies & nō pas necessaires: Car qui a eu cognoissance de ceste œuure, il cognoist par soy-mesme qu'il ne faut donner occasion aux opinions errantes, car ces mocqueurs s'efforcent quelques fois vendre ces choses au simple peuple soubs le sacré nom de la bible, lequel a de coustume les prendre a grandes brassées, aussi est ce chose impie & vn blaspheme de parangonner autre œuure a la diuine puissance, car le verbe de Dieu est l'eschelle de Iacob: Et Iesus-Christ est seul mediateur & la reigle, par lequel toutes choses sont mises au liure de vie, en mesme raison nous voyons en nostre œuure naturel, la vie & la mort, la resurrection & la creation de tout le monde, les nombres, la mesure & le poids, l'accroissement, les forces & efficace des Estoilles & des Elemens, en premier lieu du Soleil & de la Lune, car par le Soleil la vie descend selon ce qu'il plaist à Dieu, &

pour

pour ceste cause est comparée au Soleil, & appellée de son nom, car tout ainsi qu'il est en haut, ainsi il est en bas, par lequel les merueilles sont accóplies. Aussi le Soleil purpurin, rouge & doré, est masle & femelle, & seruiteur de tout l'vniuers: contenant en soy les richesses vniuerselles. Il est besoin noter deux choses en cecy, cóme d'vne chose & de deux, car Dieu tresbon & tres grand, à crée quelque chose de rien. Or ceste chose estoit vne chose de laquelle toutes les choses tant celestes que terrestres sót produites, car Dieu a dit, soit fait, & il estoit. Quand dóc toutes choses ont esté crées par son verbe, & apres iceluy estoit la nature vniuerselle separée de la chose & bonne en son esſence eſtoit apres Dieu, & eſtoit ſon bon plaiſir, car il eſtoit tres-bon, mais il s'eſtoit retiré quelque choſe ſoudain de luy, & n'auoit duré iuſques au temps du grand monde, & à cauſe de ce, il eſtoit requis vne autre choſe, car par vne choſe il ne pouuoit durer, comme il auoit eſté fait dés le commancement à cauſe de la creature la plus debile, laquelle Dieu deſiroit enſemble, & diſoit, croiſſez & multipliez, à lors on multiplioit tellement, que rien ne periſſoit à la fin du ſiecle, car c'eſtoit la benediction du Seigneur, laquelle par ſon verbe il départit à l'hóme, & toutes choſes ſont paracheuées iuſques à la fin par tres-grande obeïſſance, & ſont conduites par le Sainct Eſprit, de meſme en eſt-il à Adá, &

à Eue, au masle & à la femelle. Il faut obseruer icy comment la creation se parfaict par l'vn, & par l'autre, l'augmentation, multiplication, & conseruation, & par le troisiesme l'administration, comme par l'esprit, ces choses doiuẽt estre examinées diligemment. Loüange & honneur à Dieu en Trinité. En outre Dieu commandoit & deffendoit à l'homme incontinent quand à l'essence ; & luy assujettissoit tout sans aucun defaut, & luy donnoit puissance de manger de tous les fruicts du Paradis, excepté le seul arbre de science, du biẽ & du mal, le fruict duquel luy auoit esté deffendu, parauanture à cause de la malice du Diable à la volonté duquel finablement il se soubmit par la des-obeïssance, car il faut cõgnoiſtre ſeullement le bien, & fuir le mal, par lequel le chemin eſt donné à l'ennemy, car Dieu eſt ſeul Seigneur qui conduit & adminiſtre toutes choſes, & les creatures luy ſont toutes ſujettes: le commandement à introduit le peché quand les hommes ne s'en prenoient pas garde, par l'inſtinct & ſçauoir du Diable, & de ſa propre volonté: car le premier peché eſtoit le blaſpheme & l'Idolatrie, obſcurciſſant par ignorance toute ſcience, mais pour dire mieux, conuertiſſant en ſcience, en cognoiſſance du mal, iuſques à maintenant, & en tous vices, meſchancetés & arts du Diable, auſquels on renonce au Sacrement du Bapteſme, ſçauoir en la regeneration & renouation de noſtre vie, au nouueau

Adam, comme au bois de vie, qui a esté osté à nos parens au Paradis terrestre de la vie terrestre, toutesfois promis en la semence d'vne femme, Christ qui est l'arbre de vie & spirituelle & corporelle, par lequel non seulement l'ame reçoit la vie, mais aussi le corps. Car tout ainsi qu'Adam chassé du Paradis estoit enuoyé au monde, iardin de tenebres & d'afflictions, pour la mortification du sang & de la chair, de mesme si nous entendons la manne, c'est à dire le pain celeste, le verbe de Dieu, & que nous viuions selon ses cõmandemens, & que nous croyons le verbe lequel a esté fait chair, par iceluy nous réprendrons la vie, & serons transportez de la maison d'ignorance au Paradis celeste, & comme la mort emportoit & rauiſſoit Adam, ainſi elle nous contraint de demeurer bon gré mal gré par le ſeul verbe de Dieu, Ieſus-Chriſt, duquel toutes choſes ſont, car nous mourons au vieil Adam, & nous reſuſciterons en Ieſus-Chriſt nouueau Adam, cõme il nous a precedez; c'eſt pourquoy il eſt l'arbre de vie duquel nous deuõs mãger bãnis en ceſte maiſon d'afflictions, & à la verité, cõme au premier Adã a eſté deffendu le fruict du Paradis par vn certain moyen, auſſi pareillemẽt eſtimons n'y auoir autre regle, commandement, ou voye, ni a droit ny a gauche outre le verbe de Dieu, compris au liure de vie, lequel fermé de ſept ſeaux Ieſus-Chriſt a ouuert. Mais ſi nous deſirons cognoiſtre choſes plus grandes, & manger du fruict de l'arbre de ſcience du bien & du mal, l'on dira que nous voulons ſeruir à deux maiſtres, c'eſt à dire, à Dieu & au Diable, prenant le menſonge pour la verité, & reprouuant la verité comme menſonge, auſſi nous receuons recompence digne de nos œuures, & a eſté fait que nos premiers parens ont eſté chaſſez de la preſence de Dieu viuant: car Dieu n'eſt pas ſemblable à l'homme, mais les hommes ont eſté faicts à ſon image, afin qu'ils obeïſſent à ſes commandemens, & qu'ils n'y diminuent ni adiouſtent: quand nous ſont propoſées la ſapience & la ſcience qui nous ſont concedées en viande, du verbe Diuin, duquel l'homme vit, & ſont tirées du liure de vie iardin ſpirituel. Car toute choſe bõne eſt d'iceluy, & par iceluy toutes choſes ſont faites, leſquelles il eſt permis comprendre des yeux & des mains, car la viſible eſt faict de l'inuiſible, de meſme la foy prend ſon commẽcement de l'oüye de la Foy, les bonnes œuures c'eſt à dire de l'inuiſible le viſible, & du verbe le Chreſtien eſt engendré. Or les choſes ſont telles afin que l'homme de meſme raiſon agiſſe & opere, nõ pas qu'il ſe forme des queſtions oiſeuſes & friuoles de la toute puiſſance diuine, car c'eſt le vouloir de Dieu, & la toute-puiſſance qui a auſſi baillé à l'homme ſemblable patron & exemple: mais Thomas incredule ne pouuoit paruenir à cela, quand il cognoiſſoit ſeulement la nature humaine & la ſcience, & le Ciel elementaire inferieur, & en premier lieu les choses interieures comme l'eau & la terre, qui toutesfois sõt receptacles & prisons de la mort. Or ceste Philosophie est reprouuee de S. Paul, en laquelle il ny a nulle perfection, car la seule Philosophie celeste est consommee par la foy, esperance & charité. En ce lieu il est à noter, que comme toutes choses sont conseruees par le verbe de Dieu, & que nous deuõs croire à la parole qui est sortie de la bouche de Dieu, ainsi Iesus Christ a deferé cet honneur à son Pere, que rien n'est acquis sans foy, mais la plus grande partie des hommes ne croyẽt les choses lesquelles ils ne voyent, & ne considerent que Dieu le Pere, Dieu le Fils, & Dieu le S. Esprit ne peut eſtre veu de nos yeux chargez de peché, comme auſſi les rayons de ſõ viſage qui ſurpaſſe de beaucoup en ſplendeur le Soleil : Les hommes n'ont peu voir à cauſe de la nature pechereſſe, quand il eſtoit auec eux en forme viſible ; & lors qu'il eſtoit en ce monde, encore que Ieſus-Chriſt nous aſſiſte corporellement & ſoit à la dextre de Dieu, c'eſt à dire en la ſacrée ſaincte purité & Deité, cõme il a accompli la volonté de ſon Pere & eſt allé aux enfers, & a monté aux Cieux en chair & en Eſprit, & paracheué tout en tout. Qui eſt d'entre les hommes celuy qui puiſſe trouuer en cherchant la grandeur & ſageſſe de Dieu, nous ſçauons que le Ciel eſt ſon ſiege, & la terre l'eſcabeau de ſes pieds. Nous ne pouuons nous informer des choſes celeſtes, ni cognoiſtre ſinon celles qui ne ſont donnés du verbe Diuin, & leſquelles S. Paul a veuës, & n'a tenu conte de dire, mais nous a laiſſé le Verbe ce celeſte pain comme vn ſeau dans lequel conſiſte le ſalut de nos ames, ſçauoir la volonté de Dieu, vray arbre de vie, afin que nous beuuions ſon ſang & mangions ſa chair, & que nous croyons fermement que toutes nos choſes ſont, ſi les parolles de l'inſtitution ſont dites. Ainſi la parfaite nature demonſtre pluſieurs merueilles en vn ſeul miroüer, de laquelle ſemble auoir parlé aſſés quand les choſes de l'Eſcriture ſaincte ſont aſſés cogneuës par icelle. Or celuy qui fait la volonté de Dieu voit toutes choſes & les cognoit, comme aussi certains d'entre les sages Payens & Ethniques ont cogneu.

Adolphe.

Vous auez esté si long en vos parolles que i'en ay oublié la plus grande partie, toutesfois ie desire entendre cela de vous, sçauoir, si cest œuure de nature ne contient pas en soy vn esprit qui soit cause de mutation, pource qu'il me semble que vous auez fait mention du second nombre qui est multiplication, il est requis pour cest effect vn esprit vital.

Le Vieillard.

A la verité l'esprit vital mineral est en ceste œuure qui se parfait apres qu'il est preparé, suiuãt la dignité par l'Artiste : car Dieu par sa bonté infinie a constitué l'homme seigneur de cest esprit, afin que d'iceluy il formast autre chose, sçauoir vn nouueau monde par la force du feu, selon l'ordre & cõmandement donné de Dieu. Et à cause de ce l'homme ne parachevera rien du tout, & est requis que toutes ses choses se facent en la crainte de Dieu, par vn moyen honneste & vne pure conscience. Que s'il y en a d'entre le vulgaire qui ne paruienne à la fin de cest art, qu'il ne soit à scandale, encore qu'il soit deuant les yeux des hommes, que chacun la voit, & souuent est employé à d'autres fins, toutesfois plusieurs ignorent son vray vsage, ne sçachans pas que ce grand thresor est attouré de ces tenebres, d'où souuent c'est or trespur enuironné d'espesse obscurité & de rouilleure, est laissé dans la bouë & vilenie, lesquelles choses sont ainſi faites par le droit ordre de Nature. Les Philoſophes plus ſages oyant ſeulement le nom de Mercure cognoiſſent ce threſor & l'ont deuant les yeux, bien qu'il ſoit inuiſible & ſpirituel, toutesfois il eſt materiel, & eſt vne vierge tres-chaſte qui n'a point cogneu d'homme, ſubſtance fragile, d'où on l'a nommé laict virginal, le miel terreſtre des montagnes, laict, vrine des enfans, & ſemblables autres noms: & en toutes ces choſes pluſieurs Artiſtes l'ont recherchée mais ils ne l'ont trouuée, car elle eſt preparée de matiere metalliques & tres bonne.

Adolphe.

L'or n'eſt-il pas ceſte matiere à cauſe de ſa nobleſſe, & qu'il eſt le plus parfait metail; il me ſemble que toutes vos paroles tendent là.

Le Vieillard.

Non à la verité, mais il est besoin que vous entendiez de moy auparauant autres choses, car vous vous arrestez trop ardemment encore aux thresors de cest or terrestre, & n'auez pas assez conçeu ce que i'ay dit, & veritablement ie vous mettray par escrit le dernier & principal mistere de cest art, & bien que en ce present discours il me semble y auoir quelques doutes, il n'est pas vtile toutesfois de les expliquer plus clairement, & veritablement ce thresor n'est pas cest Or mondain commun ni l'Argét, Mercure, Soleil, Antimoine, Nitre, Souphre, ni autre chose semblable, mais c'est l'espritde l'Or &

le Mercure, qui eſt nommé des Philoſophes la premiere & ſecõde matiere propre & ſeul de la nature & de la proprieté, Or treſpur Oriental n'ayant ſenty la force du feu, ſur tous excellent, plus mol & aiſé à fondre que l'Or du vulgaire; Il eſt vray mercure de l'or & antimoine, attirant ſes qualitez des corps s'il eſt liquifié. Sa preparation n'eſt autre choſe que le bien lauer & le mettre en menues parties, par l'eau & le feu, cõme toutes les autres choſes ſont en la meſme façon preparées: afin qu'ils ſoyent agreables à Dieu & aux hommes. Il conuient exactement cognoiſtre qu'eſt-ce que ſublimation, diſtillation, ſeparation, digeſtion, purification, coagulation, & fixation, & rechercher diligemment

cét

cét œuf de nature, desiré de plusieurs dés le commencement. De cecy il y a plusieurs escrits, & entr'autres du Comte de la Marche Treuisanne Bernard, & des autres, lesquels ie te monstreray à la fin, & adiousteray plusieurs paraboles.

Le Vieillard.

Quand ie considere que l'vsage de cét art doit estre acquis par beaucoup de sueur, & que sa possession en est perilleuse, & qu'il conuient faire la vocation ou nous sommes appellez de Dieu, le plaisir que i'auois pris auparauant me rend plus humble quand ie voy que i'ay esté trompé de vaine esperance.

Adolphe.

Estimez-vous que ie vous aye dit ces choses comme par maniere d'acquit, qu'il faut trauailler grandement, & qu'il faut exercer les œuures de misericorde enuers les pauures, non pas enuers tous les pauures, mais ceux qui le sont vrayement, & auoir soin des orphelins, & des veufues, pour la gloire & l'honneur du nom de Dieu. Or l'honneur est deub à Dieu plustost qu'à nul autre, à lors les consolations sont demandées du Verbe diuin, car le Verbe de Dieu precede grandement la nature, comme le seruiteur suit le maistre, & le pere excelle en dignité la mere. Il faut donc faire en sorte, comme si de cela il ne nous en appartenoit rien du tout, mais plustost trauailler diligemment selon nostre vocation pour l'vtilité du prochain, & le profit de la Republique, & destruire les maux qu'apporte l'ignorance, car ſans relaſche la raiſon & le corps doiuét faire bien, car l'oiſiueté eſt l'oreiller de Sathan, & eſt deffenduë ſous grieue peine, d'autãt que de là prouiennét toutes les enormitez, la luxure, l'auarice, l'homicide, le menſonge, les impoſtures & fraudes, imitãs en cela leur nature meſme. Or noſtre œuure iamais n'eſt oiſif, mais trauaille & opere ſans ceſſe iour & nuict, iuſqu'à ce que le temps ſixieſme de ſes ſepmaines ſoit complet, & que ſon ſabath approche, car alors il repoſe & honnore ſon Seigneur, l'hõme, auquel il doit ſeruir ſelon le cõmandement de Dieu, obeïſſans à ſes loys. En la meſme ſorte les hõmes doiuent trauailler, iuſqu'à ce q; no⁹ entriõs au Royaume eternel de Dieu. Voire mais toutes ces choſes ſe fõt, Nature preſque y contre-disant, & nous faschons quand nous entendons qu'il faut trauailler assiduellement pour le viure, iusques à ce que nous retournions en terre, de laquelle nous sommes faits, à cause que l'oysiueté & le desir de commander plaisent à tous égallement, qui est l'occasion que nous sommes paresseux & fetards en nos oraisons & prieres, bien que l'on doibue prier Dieu pour impetrer toutes choses : nous mesprisons les vns comme pauures, à cause qu'ils ont petit reuenu, cependant auaricieux, & que nous sommes obligez de bien faire à nos ennemis, toutes les meschancetez ont pris place en nous ; comme sont la colere, l'auarice, la haine, l'inimitié, la mutuelle desfiance, & à cause d'icelles le tresexcellẽt bien nous est osté, comme aussi ceste science de medecine qui est cachée en ce bien, est incogneuë des autres Medecins plus doctes : Car ce thresor ne s'apprend pas és escoles des Medecins, mais caché demeure deuant leur yeux, en la mesme façon que l'esprit interne de la Saincte Escriture estoit celé aux Pharisiens, qui estoit le vray Messie, & la medecine de l'ame, encore qu'il fust au milieu d'eux : Aussi il rendit graces à Dieu son Pere de ce qu'il auoit caché ce tresor aux Sages de ce monde, & l'auroit declaré aux petits : De mesme aussi est dit de nostre medecine naturelle, que la volonté de Dieu doit preceder quand elle est demandée par ardente priere, comme en toutes les autres choſes mondaines, ceſte volonté diuine diſpoſe toutes choſes : & de là s'apperçoit la vanité de ces medicamens de ſimples & ſirops, qui couret entre les mains de ces faiſeurs d'vnguent, auec la perte de la renommée & eſtimation des medecins, au grād dommage des malades. Mais qui plus eſt, ces ſirops ſont beus par vn tres-certain endommagement, & mort d'iceux, & les deſpences faites par les malades ſont conuerties pour entretenir la ſuperbe & luxure, comme il ny à pas longtemps qu'vn pauure homme ſe plaignoit auoir eſté trompé d'iceux, & auoir employé preſque tous ſes biens, & perdu ſa ſubſtance, ſi vn homme de petite & baſſe fortune ne luy euſt aydé. Ainſi nous voyons que pluſieurs ont ſeulement ce ſoin, qu'ils veulent eſtre en recommandation à la Poſterité, comme Dieux, cependant ils negligent du tout le ſoin & diligence d'aider à leur prochain, d'eſtudier les bons liures, par leſquels la cognoiſſance vniuerſelle de cét art s'acquiert. Il eſt de beſoin doncques à tous de ſe peiner, en ce qui peut ſeparer le bien du mal, c'eſt à dire, qu'ils cognoiſſent par modeſtie, patience, & humilité, la vertu & les fruits du bon arbre, auec la racine triple: de meſme auſſi honorent les fruits de l'ame, la Foy, l'Eſperance, & la Charité, affin que nous ſçachions que c'eſt que verité & iuſtice, tant de l'ame que du corps, c'eſt à dire, du bien celeſte & corporel. Et affin que nous puiſſions facilement cóprendre ceste chose. La science Theologique & Iuridique nous est donnée de Dieu pour ce qu'en icelles consiste la pureté & saincteté de nature, & la vertu l'œuure de la vocation, & la Iustice est singuliere sapience, lumiere, & philosophie, à cause de laquelle Salomon surmontoit de beaucoup tous les autres hommes. Et à la verité Dieu mesme a ordonné à vn chacun les œuures de sa vocation, & a commandé à vn chacun de nous, de conduire ses actions prudemment, pieusement, & iustement en sa vocation & debuoir de la vie, selon la regle du Verbe Diuin, comme seruiteur de Dieu, & qui rendra conte de toutes choses deuant le Tribunal du Iuge de toutes les nations, & deuant lequel tous les faits des hommes seront reuelez. Or tout bien vien de Dieu, ensemble d'iceluy descend le sage & le fol, le riche & le pauure, le fort & le foible : & qui mesprise le pauure & imbecille, il mesprise celuy qui l'a crée, car tout bien est de Dieu, & tous les maux viénent du Diable, comme fontaine & origine de tout mal. Mais par vn particulier conseil de Dieu, le mal en ceste vie tyrannise & donne de la fascherie aux pieux & gens de bien : & bien que le Diable par sa propre malice s'efforce de dresser le mal aux detriment des hommes, toutesfois tout mal sert de bien à Dieu & aux deuots, car le Diable mesme est contraint de seruir malgré luy à la gloire Diuine. Et nostre peché est seul l'occasion pourquoy le mal est meslé auec le bié en ceste vie, no⁹ nourrissant cependant la bonté & misericorde diuine, & à mesme fin les dix commandements nous sont baillez de Dieu, affin que nous separions le mal du bien, pour fuyr la damnation Eternelle. Mais facilement peut-on voir qui est la face du monde, & le soin, & les larrons auares qui se disent Chrestiens, par le Sacrement de Baptesme, imitent par les exactiós immoderées d'vsures la perfidie & pillerie des Iuifs, quand ils pensent auoir fait la volonté diuine, lors qu'ils ont rauy les biens des Ethniques & estrangers, (par lequel nom ils ont accoustumé d'appeller les Chrestiens) & que le Sauueur du monde menace de peines Eternelles, ceux qui offensant leur prochain par vſures & exactions, dependant leurs biens en feſtins & banquets: comme ceux qui faiſans bonne chere, prennent par fraude les biens des orphelins & des veufues, & à la verité ces deux genres d'honneur, auaricieux, & luxurieux, doiuent eſtre conjoincts & mis en meſme balance. Mais la vie de ces riches Patriarches, Abraham, Iſaac, Iacob, Ioſeph, & Iob, a eſté precieuſe, iuſte, & pleine de modeſtie, & d'obeïſſance enuers Dieu, car ils preferoient l'honneur de Dieu à toutes autres creatures, & cheminans en pureté de vie, & en iuſtice, ils prioient Dieu auec ardeur & efficace. Et tout ainſi que pluſieurs en l'ancien Teſtament poſſedoient de grandes richeſſes, conjoinctes par le lien de constance. De mesme la pauureté a accueilly plusieurs Adorateurs de Iesus-Christ au nouueau Testament, toutesfois il est requis semblable constance, crainte & amour enuers Dieu. De toutes ces choses i'estime que vous auez suffisamment entendu l'occasion pourquoy ce mystere & secret a esté caché desormais deuant les yeux de plusieurs, quand le Diable peut facillement destourner de la voye droite, par les vaines voluptez de ce monde, car il nous seduit en la cognoissance de tout mal, & meschant, & scelerat, a seduit Adam nostre premier parent, le plus sage de tous; mais pour dire mieux, par sa cautelle tous les Saincts sont tombez en choses mauuaises, & pour nos pechez; Et pource l'ire de Dieu a esté espanduë sur nous, & toutes choses sont venduës aux mortels par grand labeur, soin & sollicitude : car c'est le Calice de la Croix, dans lequel nous beurons du fruict de vigne auec nostre Sauueur Iesus-Christ, iusques à ce grand Iour de Sabath, & repos Eternel du siecle aduenir, ou nous demeurerons sous vn autre espece, & passerons à celuy, qui pareillement nous aduance & se haste de venir à nous, à laquelle felicité nous conduise Dieu tres-bon & trés-grand par nostre Mediateur & le Sainct Esprit, auquel nous sommes conjoincts par alliance de filiation, & auquel nous sommes tenus obeïr, en faisant les bonnes œuures, & foulant aux pieds les mauuaises, affin que nous luy offrions de nouueaux Iuifs, vn esprit contrit & rendant à Dieu les vœux que nous auons faits. En ces choses l'Esprit de Dieu opere, par la Foy, Esperance, & Charité, tout ainsi comme le desir bruslant & la coustume parfait beaucoup de choses en nature qui semblent incroyables, & il y à peu d'hommes qui s'estudient d'acquerir patiemment la cognoissance de Dieu, mais plustost suiuent les biens mortels, terrestres, & caduques, addonnez aux voluptez, à l'ambition, & à la puissance mondaine. C'est pourquoy Iesus-Christ separe son Royaume du monde, & rejette de soy le soin des choses mondaines, encore qu'il aye cognoissance de toutes choses, & qu'il soit la mesme fontaine & source. Ces choses toutefois mesprisées , il a annoncé le Royaume de la sapience diuine, lequel il faut rechercher deuant toutes choses, & moy mesme l'ordonne: mais ie desire sçauoir vostre opinion la dessus.

Adolphe.

Certainement la verité me contraint confesser que toutes ces choses sont ainsi disposées, & que mõ aduis s'accordoit de point en point auec l'opinion des enfans de ceste lumiere : Mais d'autant que i'entends choses du tout contraire à ma croyãce, il l'a faudroit changer. Or ie ne doute point, & me semble du tout indubitable, que ce mystere & secret ne peut estre reuelé & cõmuniqué a tous, principalement quand en tous les arts qui nous sont donnez, tant de la nature, qu'enseignez par vn maistre. Ie cõsidere que l'õ y doit tenir vn mesme chemin, car pour en acquerir la cognoissance, la grace diuine est requise, l'industrie, la diligence, & ardente estude conjoinct auec grand labeur, comme ces choses sont desirées en toutes les autres necessitez de la vie. Or en ce qui m'appartient certainement parlant de ceste vie voluptueuse, i'endurerois patiemment la compagnie de ces entre-metteurs, de ces bien-entendus, de ces gourmands, & de ces desdaigneurs (quand i'ay veu aduenir à quelques-vns vn grand heur & felicité sans trauail) & employerois l'vsage de ce thresor à la puissance & ambition, & à acquerir de grandes richesses.

Le Vieillard.

Et quoy vous ignorez que la puissance est donnée aux Roys & Princes

Princes de ce monde, afin qu'ils reprimét la malice des hommes, au lieu de Dieu tres-bon & tres-grand, & honnorent la Iustice, la verité, pieté, & obeissance, & les multiplient affin que toutes choses soyent ordonnées en ceste vie prudemment. Et tout ainsi que le Iuge politique a de coustume de punir les meschans par le glaiue seculier: Ainsi les Peres spirituels & magistrats Ecclesiastiques gouuernét le peuple Chrestien par le glaiue de l'Esprit, du Verbe de Dieu, & de ses commandemens. & apres auoir apporté les playes par la malediction de la Loy, ils les oignent de l'huile de Iustice & guerissent, si ce n'est que les transgresseurs rejettent la bóté & cure des playes. toutesfois ces blessures de la conſcience ne doyuent eſtre guaris par les Eccleſiaſtiques par le glaiue temporel, comme nous voyōs Aaron, Moyſe, & Ioſué, auoir eu les offices ſeparez iuſques à ce qu'ils entraſſent en la terre de promiſſion, & eſt auſſi commandé aux ſujets d'obeïr au Iuge & Magiſtrat ordonné de Dieu, de peur que enflez d'orgueil, ils ne s'attribuent à eux meſmes les Magiſtrats par deuoirs, & rauiſſent les dignitez par preſés, fraudes, ou puiſſances, s'ils ne ſont legitimement appellez! car qui s'eſleuera par deſſus les autres, il ſera humilié, pour ce qu'il prouient d'ambition & arrogance à laquelle Dieu reſiſte grandement: car la ſuperbe eſt vne Idolatrie execrable ſur toutes choſes, à cauſe que Dieu eſt ſeul grand & puiſſant, & lequel inſtitue & gouuerne ſelon ſa volonté & bon plaiſir tous les ordres & degrez de la puiſſance ſeculière, cognoiſſant plainement toutes choſes dans la lumiere & tenebres, createur & autheur de tout ordre de Iuſtice, & des creatures; empeſchant les arbres & les montagnes monter plus haut au Ciel, refrenant les ſectes rauiſſantes, & reprimant la force & cruauté des Geans & tyrans: car ceux qui reſiſtent à Dieu & ſont contraires à ceux qu'il a choiſis, au lieu de bien ils n'ont que du mal, bien que le Soleil commun leur eſclaire, Dieu rauiſſant la force de leur puiſſance miraculeuſement par vn tourbillon de vents, de laquelle chose nous rendent tesmoignage les exemples iournaliers. Outre ces gens ils se trouuent certains qui menent les grands esprits , ayans quelque science des arts mediocres , mineurs & petites des Gentils , esleuant la puissance de Dieu tres bon & tres-grand , & menans vne vie Epicurienne. Il se faut bien donner de garde d'eux, principalement qu'ils sont de nature encline à mal , bien que nous ignorions comment le monde a esté fait par le verbe de Dieu, & est procedé l'esprit de ce verbe, & que l'Image de Dieu est cachée: ce que Moyse voyoit par derriere en la roche , & que en ce temps-là Iesus -Christ ne pouuoit estre veu des yeux corporels.

Adolphe.

Vous faites d'estranges digressiós, & bien essloignées de ce que vous auez commencé, voulans esclaircir les questions spirituelles. I'ay grand desir desormais d'entendre la description de vostre proposition, encore que il me semble en auoir entendu quelques choses de vous, lesquelles ie ne prenois pas garde, quelles deuoient estre diligemment balancées.

Le Vieillard.

L'on doit chercher d'vn mesme pas la cognoissance des biens diuins & humains, d'autant que les biens & externes donnent entrée à la felicité temporelle vne seule fois, & que la volonté de Dieu est immuable, afin que iour & nuict nous meditions sa loy:

car d'icelle le ſalut de l'ame prouient, & l'homme cognoiſt que toutes choſes doiuent eſtre demandées par prieres de ceſte fontaine de biens, qu'il faut rejetter le ſoin des choſes terriennes, & les biens qui nous ſont donnez, les conuient garder en humilité & modeſtie, car auſſi la puiſſance & aſtuce du Diable paroiſt tres-grande ſur toutes choſes, & perſonne ne pourroit euiter ſa force & ſa ruſe, ſi la miſericorde de Dieu ne nous gardoit. Que peut eſtre eſtimée la felicité, le profit & l'excellence de l'homme, encore qu'il ſoit remply de biens & de richeſſes, ſi les maladies de l'ame ne ſont gueries, & ne ſont oſtées? C'eſtoit le plus grand benefice que Dieu nous aye laiſſé quand leſus Chriſt noſtre Sauueur cóioignoit touſiours la remiſſion des pechez à la guarisó des maladies.

Adolphe.

Ces choſes ſont à la verité trescertaines : mais pluſieurs ne le conſiderét comme il faut, ce qui m'arriue bien ſouuent, & principalement quand ie ſoüille mon ame de cupiditez & voluptez mondaines. Mais puiſque l'vſage & poſſeſſió des richeſſes; comme auſſi ceſt œuure ne repugne à la volóté de la nature Diuine ; I'ay bonne eſperance que i'y pourray profiter seló le cõmandement & volonté de Dieu tres-bon & tresgrãd. Toutesfois outre ces choſes l'aueuglement des Phariſiens me detient quelque peu, qui ne vouloient croire s'ils ne voyoient les miracles & ſignes de Ieſus Chriſt, encore que ie ne doute point que la foy m'eſt donné par la grace de Dieu, neceſſaire au ſalut de l'Ame: mais pour cófirmer ma foy des miracles diuins, & la cognoiſſance des paraboles de ce tres-exellent threſor, i'attés plus exacte explicatió de vos paroles.

Le Vieillard.

I'ay racóté toutes ces choſes ainſi amplemét, afin que vous entédiez que ce threſor ne s'cquiert par art magique, comme quelques vns eſtimét pouuoir acquerir autres choſes par ledit art, auquel il ne faut mettre ſa confiance, ni aucunement adiouſter foy. Mais afin que ie vous demonſtre l'occaſion vraye pour laquelle elle doit eſtre cachee des enfans de la ſcience, & qu'elle ne doit eſtre donné à vn ſeul: car toutes choses ne sont donnees à vn seul. D'ou est tirée l'excellente parabole de nostre Sauueur Iesus-Christ, dans S. Matthieu, sixiesme : Que personne ne peut seruir à deux maistres. Et afin que nous voyons que Dieu s'est demonstré appertement soy mesme és œuures de la Nature, afin que ses œuures admirables soiét cogneuës de tous : & veritablemét cela se fait par diuers moyens & par contraires sortes de tentations & afflictions, non pas en la fange des voluptez , & comme nous voyons Zachee auoir esté receu de Dieu , lors qu'il tomboit dans le vice de l'Esprit, encore qu'il fust petit & de basse stature , toutesfois il a voulu loger chez luy, pource qu'il auoit vn amour magnetique enuers Zachee, qui estoit aussi donné en escoulant aux autres : Mais par vne commune tache de nature humaine : nous no' enorgueillissons l'esprit, & fermons la fontaine de la douceur, cóme si ce don nous estoit donné pour nostre seule vtilité, quand plustost nous deuons faire de bonnes œuures, & exercer les œuures de misericorde enuers les pauures : mais les sectateurs de ce monde, ces farceurs & bouffons se mocquent aisement de toutes ces choses : car les richesses changent les hómes & leurs meurs, & les peruertissent affin qu'ils facent choses du tout contraires, & ostent le mords de Iustice : les richesses ont esté appellées de Iesus-Christ, Mammon. Dauantage les richesses donnent la Sapience, & la Sagesse des pauures est de peu d'estime quand la bourse sonne, &

l'argent parle, & pour ceste cause il est difficile qu'vn riche entre au Royaume celeste, mais Dieu cognoist & nourrit les pauures Sages, doux & humbles, reduisant l'abondance des richesses en paureté (pource qu'ils estiment n'auoir besoin de personne (& monstre aussi que la sagesse de ce mốde n'est que folie deuant toutes choses : ainsi tres ioyeux cherchons le Royaume de Dieu, & priốs auec le Prophete Dauid que Dieu nous donne nos necessitez selon sa volonté & nostre paureté, affin que nous ne nous destournions du vray chemin à cause que la voye de ce monde est grandemẽt lubrique, & dãgereuse. Aussi Salomon Roy demande la Sagesse de Dieu, affin qu'il puisse regir & gouuerner le peuple de Dieu, à ſon honneur & loüange, & toutesfois receuoir de grãds threſors de Dieu, comme Salomon luy-meſme dit, que la Sageſſe criant en la voye fourcheuë inuite vn chacun à ſon amour & eſtude : car la gloire Diuine eſt grande & excellẽte, ſe demõſtrant à nous en tous lieux & partout, & nous y inuitans, mais il y a peu de gens qui conſiderent ces choſes auec attention en ceſte vie mortelle, laquelle s'enuolant bien viſte, ſemble à pluſieurs neantmoins ſe retirer negligemment. Le miſtere de Dieu donc eſt grãd enuers ceux qui le craignẽt, & la lumiere eſclaire en tenebres aux bons, par la miſericorde & Iuſtice de Dieu. Pſal. 112. Afin donc que nous n'employons ce threſor precieux du temps, & nos ſorces de l'eſprit & du corps à acquerir & amaſſer des richeſſes, & imitions les ambitieux & ſuperbes, faiſons toutes choſes en la crainte de Dieu pour le profit & vtilité des bons, bien que imprudens.

Adolphe.

Bien que ie confeſſe ces choſes eſtre vrayes, toutesfois i'ay vn ſcrupule en l'Ame, quand i'entends l'aduis des Philoſophes eſtre, qu'il faut demander tout par prieres, ce threſor de Dieu, & le requerir.

Le Vieillard.

Il y a long temps que vous m'auez ouy dire qu'il faut chercher deuant toutes choſes le Royaume de Dieu, que Dieu nous adiouſtera & donnera à ſouhait toutes choſes, & que l'hôme ne peut pas viure de seul pain, mais de tout verbe procedant de la bouche de Dieu. Or en la mesme raison que le Diable a tenté nostre Sauueur, de mesme iusques à auiourd'huy il a de coustume nous tenter, principalement au temps que nous auons besoin de quelque chose: car où la foy & la parole de Dieu ne nous assiste, nous desesperons en nos afflictions, & sommes du tout abbatus, & pour vray dire, quand la fortune nous rit, le mesme nous arriue: car nous suiuons le Diable mesme & l'autheure de tout mal, & luy demandons aide; iceluy nous promet les choses qui ne sont pas en sa puissance, & nous precipite aux tenebres d'ignorence: preferons donc le pain celeste à la manne terrestre de tant que nous pourrons : Ce que disent les Philosophes, qu'il faut prier Dieu, en la recherche de ce thresor, c'est vne chose vraye & bien dite car Dieu seul nous le donne, pourueu que nous luy designions les moments du temps & le moyen, & que ne presumions pouuoir resister à sa volonté : car il est seul la verité, la Sagesse & la Iustice, rendant à vn chacun selon son merite par le saint Esprit, comme aussi il a esté espards parmy les Apostres Aussi pour ceste cause il nous est commandé de demander tous les iours en l'oraison Dominicale, nostre pain quotidien, car nous ignorons les choses que nous deuons demander à Dieu, et ſouuent nous demandons les choſes qui tourneront á noſtre dommage, bien qu'elles nous ſoyent concedeés pour nous tenter. L'aide et ſecours ſeul du S. Eſprit, la ſanté heureuſe et les commodités de la Paix doyuent eſtre demandées de Dieu : car d'iceluy deſcend toute ſcience & ſageſſe, tant naturelle que ſpirituelle, Et Ieſus-Chriſt deſiroit ardemmēt le ſalut des hommes, & de là ie dis que ſon Royaume n'eſtoit point de ce monde, & qu'il eſtoit venu au monde affin de ſauuer les hommes : & les retirer des tenebres d'ignorance & des richeſſes terriennes, iuſques finalement à en auoir códuit aucuns au Royaume celeſte, & pour ceſte fin il nous a baillé par tradition ceſte oraiſon que nous appellons

Dominicalle, & nous a enſeigné comme nous deuons dreſſer nos prieres à Dieu ſon Pere, duquel nous ſommes enfans par adoption, quand cy deuant nous cheminions deuant luy ſoubs les ceremonies de la Loy en crainte & peur ſeruile. Outre ces choſes i'eſtime que vous ſçaués que les choſes naturelles ſont ſorties des ſupernaturelles, & que le Royaume de Dieu eſt Eternel, duquel procede le Royaume temporel. N'eſt-il pas vray-ſemblable que le Ciel & le firmament a eſté en premier lieu preparé, & apres l'element, & le dernier de tous la terre: apres icelle a eſté fait l'hóme, nouuelle creature & petit monde. Car Dieu commence premierement en l'homme pour eſtre en terre, comme centre du cercle, comme aussi il auoit pris commencement du grand centre, & apres la vie l'ame fut mise au corps de l'homme, la vie & ame eternelle & immortelle: car cela est supercelestiel & cóme Ciel diuin Astral, & comme esprit essentiel de toutes creatures viuãtes naturelles, ont esté auparauant, & puis apres le corps elementaire comme en corps seul, centre de la terre, touché au doigt de Iesus-Christ quand il l'a nommé sel de terre; car le sel conserue toutes choses de pourriture, comme l'on cognoist de l'Ocean, Mer naturelle du monde, quelle contagion sortiroit de telle puanteur, si Dieu ne preseruoit par ce sel cest Ocean, & aussi s'il n'y auoit mouuement. Dauantage on confere les paſteurs & miniſtres de la parolle de Dieu au ſel qui conſerue de putrefaction les membres qui leur ont eſté commis par la predication du verbe Diuin, & le ſainct Eſprit, en ceſte mer du monde. Auſſi noſtre premier pere Adam auoit entiere cognoiſſance de toutes creatures, & nous ſucceſſeurs d'iceluy, poſſedons à grand peine quelques particularitez, & recognoiſſons meſme que ceſte noſtre cognoiſſance eſt imparfaicte : Auſſi aux derniers temps plusieurs ſeront congregez en plusieurs, au lieu d'vn ſeul Adam, & dit-on que tous les arts deuant le dernier iugement ſeront reuelés apertemét. Iamais il ne fut donné tant de ſcience & de cognoiſſance qu'il en a eſté concedé à Adam nostre premier Pere, & à Iesus-Christ nouueau Adam, laquelle science il a laissée à son Eglise, iusques à ce que nous entrions en la vie eternelle en laquelle toutes choses nous seront cogneuës & reuelées, & sera donné à vn chacun sa deuë recompense : car en ce monde nous sommes tourmentez par diuerses tentations fascheries & ennuis, à cause du peché par lequel le genre humain reçoit de grandes incommoditez par l'ennemy Satan, car ayant perdu la similitude de Dieu, nous faisons tousjours le contraire de sa volonté. Outre ces choses vous considererez aussi ce que disoit nostre Sauueur quand il commande de chercher les thresors qui ne sont sujets à la pourriture, ni à la pillerie des larrons & voleurs, mais des thresors spirituels, deffendans les consciences des hõmes quand ils sont extremement tentez, quand aussi l'esprit & le corps cherchent en vain le secours humain, la crainte & peur ostez: car en ce moment de temps l'armure celeste est grandement requise, & alors la force qui est des vertus Cardinales de ces mondains, desquelles nous nous appuyons au temps de la grace florissante, sçauoir est de la beauté, sagesse, richesse & puissance. La force semble toutesfois caduque & fragile, cõparée à la gloire diuine, laquelle conuient rechercher en Iesus-Christ seul & sa parolle. Que si donc en ce temps de nostre peregrination veillans & prians, nous faisons paroistre noſtre Foy, Charité, Eſperance, Modeſtie, Humilité & Patience, comme l'Eſpouſe de Ieſus-Chriſt, affin que nous ſoyons conformes à noſtre Eſpoux noſtre Sauueur Ieſus-Chriſt, nous monterons au ſein d'Abraham & d'Iſaac par l'eſchelle de Iacob, & verrons la gloire & la pierre de la foy, auec le bien aymé Diſciple de Dieu ſainct Iean, qui regarde le Soleil comme l'Aigle volant en haut, c'eſt à dire, la gloire & clarté de Dieu, laquelle a eſté cachée à Iacob, de laquelle gloire certes les trois Diſciples ont veu quelque eſclat ſur la montagne de Thabor. Mais toutes ces choſes que i'ay deſcrites ne ſont à autre fin que à leur exemple, meſpriſans les richeſſes mondaines, & ſuyuans le seul verbe Diuin, & sa Loy, nous implorions l'aide & secours du sainct Esprit, & que nous marchions deuant Dieu en Foy, Esperance, Charité, Humilité & Patience, recognoissans mesmement quelque goust de ceste celeste Hierusalem, & du Paradis, car nous apprenons ces choses du seul verbe de Dieu, non pas par les allechemens de ce monde, car il est seul Iuste & misericordieux. Qui desire donc la restauration en soy-mesme de l'Image Diuine, s'employe aux œuures de misericorde & de charité, pource que nous sommes plusieurs, vn corps en Iesus-Christ, & seulle est son Espouse. I'ay eu desir de vous proposer toutes ces choses necessaires, encore que tous les iours vous en retirez ou puissez quand vous entendez la parole de Dieu, afin que ententif à ces choses plus ardemment, selon le dire de S. Paul, vous teniez pour certain que c'est vn grand reuenu si quelqu'vn honnorant la pieté, ne desire choses plus grandes: car nous n'apportons rien en ce monde, & sortant de ce monde, nous ne remportons rien des biens de fortune. Que si Dieu nous a donné les choses necessaires à la vie, & au vestement: Il est raisonnable que nous viuions contans de ces dons: car ceux qui cherchent trop soigneusement les richesses mondaines, ils sont ordinairement tentez & tombent dans les rets des cupiditez, iusques à ce que par icelles ils ſoient reduits en extreme malheur, car l'auarice eſt la racine de tous les maux, & ceux qui l'ont deſiré il ſe ſont deſtournez de la foy, plongez en extremes calamitez. Fuis toutes ces choſes diligemment, ô homme de Dieu, & enſuy la Iuſtice,pieté,la foy,la penitence & l'humilité, combatant à propos,& conçoy ceſte vie eternelle,pour laquelle tu es faict, & laquelle tu as confeſſé deuant tous. Enſeignez les riches de ce monde qu'ils ne s'eſleuent par orgueil, & ne mettent leur eſperance aux richeſſes incertaines, mais pluſtoſt en Dieu viuant qui donne & fournit toutes choſes, affin que les riches facent bien aux autres, & remplis de bonnes œuures, acquerent pour fondement, tant les thresors que la vie eternelle. C'est tout le sommaire & l'argument de toute nostre response, declarez desormais si longuement, affin que i'adoucisse vn peu le desir qui estoit en vous, des biens & richesses terriennes : car ces paroles procedent du centre celeste du Soleil de Iustice, & des rayons du S. Esprit par le vaisseau esleu de Dieu. Mais à dire vray, la vie & beatitude celeste surpasse de beaucoup la terrestre, laquelle il nous est de besoin desirer & enuier en ceste chair, affin que nous soyons vne chair spirituelle, laquelle sabstiéne de tous attraits de ce monde, ayans guerre continuelle auec les ennemis de Dieu, & les mettant soubs le iouc de l'esprit.

Adolphe.

Ie ſuis grandement eſmerueillé de vous voir parler des myſteres de la doctrine celeſte, & des choſes ſpirituelles, à cauſe que il y a peu de gens adonnez à ce ſecret qui ayent accouſtumé de contempler ces choſes, & aués eſcrit ces choſes ſi prolixement & obſcurement que chacũ plus aiſemẽt deſireroit les richeſſes que la ſaincte Eſcriture. Quand eſt de moy, i'ay pris grand plaiſir d'entendre ces choſes, encore que i'en aye ouy pluſieurs, deſquelles iuſques à ce iour ie n'ay pas fait conte, & comme nous ſommes de nature enclins à mal, auſſi ſommes-nous moins attentifs à bien dire & à bien faire, ou aux choſes bien dites & bien faites.

Le Vieillard.

Nous deuons donc plustost prendre garde à ces choses à cause que cest œuuure naturel est tresplain de la gloire Diuine, en parabolles & images, outre l'abondance aussi des richesses terriennes. Mais ie suis fasché voyant la vie des hommes, & de plusieurs: car peu sont dignes de ce mystere, & en ma ieunesse, ayant besoin de toutes choses, mocqué de tous, à la fin difficile, receu d'vn homme de bien, iusques icy tourmenté par grand soin, sollicitude & de grandes diuerses& fascheuses afflictions, à grand peine finalement i'ay leué la teste, & considerant, en disant profondement par ces choses l'aueuglement des hommes, ie tourne mes oreilles & mes yeux obeïsſant à Dieu noſtre Sauueur, le priant par vn veu ſolennel qu'il me deliure, & les autres des aueuglemens mondains, & ſemble que cela aille de meſme pied en ce que nous voyons pluſieurs d'entre les doctes, riches, & les autres tous preſque eſtre à meſpris, enflez de trop d'ambition & d'orgueil, quand toutesfois au dernier article de la vie les richeſſes & ambitions ne leur peuuent conſoler ni aider, & auſquelles forces ſont tellement defaillies qu'à peine peuuent-ils chaſſer les mouches. Sçauoir donc ſi l'ambition & la ſuperbe, & la pareſſe n'en ſon pas ſeuls les cauſes pour leſquelles nous ſommes enuoyez de Dieu en ceſte lumiere, non pour conſeruer les fruicts; Sçauoir, ſi nous ne deuons employer noſtre ſoin & ſollicitude en la maniere que nous acquerions la Sageſſe Diuine, laquelle eſt, à la verité, chaſſée de pluſieurs meſchamment, & n'eſt pas reçeuë en la maiſon, comme le temps paſſé elle fut reçeuë d'Abraham, de Loth, & de la Vierge Mere de Dieu, car en iceux elle demeura, & ſe prepara en leurs cœurs vne habitation ferme & ſtable. Ceſte ſageſſe eſt l'eſprit de Dieu, & pour mieux dire, c'eſt Dieu meſme. Ce qui aſſeure quelle choſe peut eſtre le Verbe de Dieu, qu'il entend debuoir habiter en nous, car c'eſt la parfaicte Sageſſe. Or il n'habite pas en ceux qui ſont ſuperbes & orgueilleux, & qui ne recherchent la ſageſſe, car elle recherche ceux leſquels elle ayme, sçauoir les deuots & les raisonnables, laquelle deuotion est commencemens de sagesse, d'où procede la diuersité des estats des hommes, tant és choses spirituelles que temporelles, comme sont la Theologie, Iurisprudence, Medecine, lesquelles sont appellées arts mecaniques & liberaux. Par ceste raison les manufactures sont reduites à bon & iuste ordre par ces sept, le bien est separé du mal, la verité est discernée du mensonge. Car c'est la volonté de Dieu que la lumiere vraye reluise en nous, le mal estant separé du bien, quand apres le peché du premier Adam par la colere & finesse du Diable, toutes choses furent subuerties & troublées, & le nouueau

Adam nous separe de toute tache & souilleure, comme ceste Eue regenerée diuise le bien d'auec le mal, ramene la vie & le nouueau monde par soy-mesme & sa parolle saincte, affin que desormais le corps & l'ame ne soiét séparez l'vn de l'autre, mais demeurent stables en l'image de Dieu : car c'est la volonté de Dieu, & en ceste façon demeure auec nous iusques à la fin du mõde. Mais le monde estant opiniastre il s'aueugle & met deuant luy les obscuritez Iudaïques à cause qu'il a demeuré ez sentiers du vieil Adam, & toutesfois ne le fait mourir ni l'oppresse par la foy au sainct sacré Baptesme, pource que la saincte operation du sainct Esprit est telle, par le verbe en la foy, & sans le verbe il

n'y

n'y a rien : car c'est le verbe mesme de Dieu. Or qui ne croit pas en Dieu, il est dans les tenebres de la mort auec ce vieil Adam, & n'a pas esperance en la vie eternelle : car il ne peut persister en sa foy sans fondemens, & est payen & meschant heretique, qui offense la pierre angulaire demonstrée de sainct Iean, car Dieu nous a proposé plusieurs moyens par sa grande misericorde, par lesquels, selon sa volonté nous soyons preseruez de tresgrands maux & de tentations : & peussions fuïr l'esprit maudit & la doctrine meschante, lequel nous procure ensemble, la ruïne de l'ame & du corps. Le deuoir du Magistrat politique est arriué iusques là, par lequel le magistrat chasse la force & audace des meschans, des ceruelles des bons & pieux, entretient la paix & concorde, destourne toutes les fraudes & tromperies, & rend le droict à qui il appartient, non pas selon desir & volonté des hommes, mais selon la regle de la Iustice & de la volonté Diuine, Il faut estimer le semblable du Medecin & de la medecine qui dompte toutes les sortes de maladies & infirmitez, & les chasse au loin. Car cest esprit malin enuoye à l'humain lignage, toutes sortes de maux, de tentations & d'afflictions, comme sont les tromperies, la malice, les inimitiez, les haines, les mensonges, les aduersitez, les calomnies, la pauureté, les persecutions, l'incõstance, & les autres diuerses especes de tentations, combatans contre la Foy, l'Esperance & la Charité, comme il paroist : & l'Apostre S. Iean, S. Pierre & S. Paul, lesquels cependant que nostre Sauueur Iesus-Christ estoit emmené captif au iardin, demonstroient manifeste exemple de la fragilité & inconstance humaine. Il faut dõc ensuiure de tout nostre cœur le verbe diuin, & l'auoir fiché dans nostre ame, & l'asseurer par le seau des Sacremens, afin que nous soyons asseurez en ceste vie, & que nous entrions en la vie eternelle malgré les puissances infernalles. Mais ie vous prie que ces choses que ie vous ay recitées si longuement ne vous ennuyent point, & qui à l'exẽple de Tobie vous rejettiés le soin des choses mondaines, estant contant de la viande iournaliere, & mettant toute vostre esperance en Dieu vous ferez des aumosnes aux pauures, laissant le reste à la volonté de Dieu. Mais affin que vous entendiez plus amplement ce que i'ay dit, ie vous offre ce present, par lequel vous seront declarez plus longuement & abondamment ces parolles, & par lequel vous acquerrez le gage & ample thresor, affin que vous faciés plus heureusement en ceste nouueauté de vie, & en continuation d'estude pour le proffit & vtilité du prochain, & pour la gloire du nom de Dieu. C'est veritablement le mesme thresor, si moyennant l'aide de Dieu vous en auez la cognoissance, qui ne se trouue pas dans les liures des doctes, ny dans les boëttes des faiz ſeurs d'onguens, caché deuant les yeux des vſuriers & desbordez, & ne peut eſtre priſe d'aucun homme, car il eſt noſtre eau, & noſtre feu paroiſſant aux bons pour leur vtilité & proffit, & aux meſchans à leur ruïne, quand les meſchans en auront abuſé par les voluptez mondaines, & leur pareſſe, car les humains n'agiſſent les choſes leſquelles ont accouſtumé eſtre cherchez auec peine & labeur. Mais ſi vous eſtes humble patient, modeſte, & d'vn eſprit docile, vous aurez ce threſor du vray repos & richeſſe, & pour ſeruir auec vtilité, Dieu & voſtre prochain. En premier lieu ie mettray les paroles de ce ſage Roy & Preſtre Hermes Egyptien & ſa table d'Emeraude, & adjouſteray le ſymbole de frere Baſile

Valentin du compte Bernhard, & les escrits de Theophraste, la teinture des Philosophes, moyennant que premierement vous me declariez qu'elle est vostre opinion sur ce sujet.

Adolphe.

Voicy finalement la fin de mon desir, lequel i'ay attendu desormais auec grande conuoitise & ardeur. Or saincttement ie promets que i'employeray ce thresor au profit & vtilité du prochain, & à la gloire du nom de Dieu, & conduiray mes actions à ceste fin qu'il ne paroistra iamais que ie le possede, & mon ame & esprit n'estant soüillez de vices & meschancetez, ie ne feray scandale à aucun, autant certainement que la fragilité humaine me le permettra.

Le Vieillard.

Sçachez aussi que celuy peut commodement exercer les œuures de misericorde qui se contente de peu, & se resioüit de petite fortune, & certainement vn bien fait prouenu d'vn pauure est grandement approuué de Dieu. Mais pour dire vray, quand i'ay consideré assés longuement la pureté & candeur de vostre ame, ie me suis resolu de vous donner sur la fin de ce propos le mystere caché du manteau des paraboles : & vostre deuoir sera de trauailler à la lecture de ces propos, & des autres qui tiennent cachez, & enferment le secret de ce mystere, & obseruent la presente commemoration escrite à cause de vous, & du reste remettez-vous du tout à Dieu tres-bon & tres grand.

Adolphe.

Certainement (venerable vieillard) ie vous remercie autãt qu'il m'est possible, & que ie puis consentir en mon ame, du grand bien que i'ay apris de vous, cependant ie vous promets sainctemẽt que i'estudieray & employeray en la lecture de ces liures escrits auec le sang & demanderay l'aide de Dieu tres ardemment, & meneray telle vie, que ie seray aux autres l'exẽple des vertueux, & maintenant ie vous consacre & vous offres toutes mes estudes & ma peine à vostre vtilité.

Le Vieillard.

Dieu vueille que toutes ces choses soyent ainsi par la bonté de Dieu : que si Dieu tres-bon & tres-grãd vous donne la cognoissance de ce mystere, sois-luy agreable, rendãt à luy ſeul loüange & gloire, ſuyuant ce que dit Hieremie 9. Le ſage ne ſe glorifiera en ſa ſageſſe, ny le puiſſant ſe fiera en ſa force, ni le riche en ſes richeſſes: qui ſe glorifie, en cela ſeul ſe glorifie, qu'il cognoiſt que ie ſuis le Seigneur, miſericordieux & iuſte, dit le Seigneur ton Dieu. Ainſi ſoit-il.

Fin de la premiere partie.

SECONDE PARTIE DE L'ESPRIT CACHE' secret de l'Or des Philosophes.

CONTENANT la Pratique generale de l'œuure des sages & Anciens.

ATLAS.

IE porte ſur mes eſpaules le Ciel & la Terre, & ie les obſerue exactemẽt & fondamentalement, & recherche de prés, premierement prudent, puis demeurant ſimple, iuſques à ce que ie rapporte le ſalaire deu.

Ceſt art & myſtere ne doit eſtre reuelé plus apertement qu'en paraboles, leſquelles on doit exactemement considerer & peser; on doit aussi sçauoir les liures, & voir les escrits des autres Philosophes. Pour paruenir donc entierement à cet art: Il n'est requis grand trauail ny peine, & les despens sont petits, les instrumés de peu de valeur: car c'est Art peut estre apris en moins de douze heures, & de l'espace de huict iours, mené à perfection, quand il y a en soy son propre principe, encore que aux autres arts il soit requis le cours de six ou sept ans, afin qu'ils soyent rédus parfaicts, quelques-vns toutesfois ont employé trente ou quarante ans à grands despens, & iamais n'ont acquis la fin de ce mystere: Mais les artistes ausquels la fin est cogneuë, taschent de cacher & tenir grandement secret cest artifice , ce que veritablement ont de coustume d'admirer ceux qui s'adonnent és choses du monde & ses suiuans. Mais toutes ces choses sont mises en la misericorde de Dieu, & seulement est requis à nostre œuure LAZOTH, & le feu qui n'est autre chose qui laisser cuire, dissoudre, pourrir, coaguler & fixer:& ces choses peuuent estre faites tant du pauure & souffreteux que du riche, & n'est besoin d'escrire cest artifice, crainte de ne s'en souuenir. Mais peut estre enseigné par condition de viue voix. Ie ne puis plus clairement à la verité declarer ces choses, à cause de la force iniuste de quelques-vns : Mais ie dy à tout le moins & commande; Prenez de l'eau Lunaire ou eau d'argent, en laquelle sont les rayons du Soleil pour ces artifices parfaire, & cette operation, comme disent les anciens, conuient à la verité aux femmes, encor qu'il se trouue tant d'escrits & liures composez à ce sujet, & qui si grand nombre de peuple & de grands le recherchent auec grands despens & labeurs : mais en vain, car la nature a mis vne barriere à trauers le chemin. Apres ces choses ou paraboles vous sont proposez auec la table Smaragdine d'Hermes Philosophe tres-excellent pour plus grande & pleine cognoissance.

Les parolles d'Hermes au Pimandre.

LE Pimandre d'Hermes Trimegiste dit : Comme vne fois entre autres je pensois à la nature des choses, & esleuois la subtilité de mon esprit au Ciel, ayant lors mes sens corporels assoupis, comme il aduient communement à ceux qui à cause de trop grande repletion ou ennuy & fascherie sont opprimés de sommeil, le Latin dit, *Quendam pœna quid mensura indefinita*, soudain il me sembla voir vne fort grande statuë corporelle, qui m'appellant par mon nom me demanda que veux-tu ouir & voir, qu'est-ce que tu souhaite Pimandre & desire cognoistre, alors ie luy demanday qu'il estoit; ie suis, dit-il Pimandre, la pensée de la diuine puissance, ie feray ce que tu veux, & suis auec toy par tout, lors ie luy dis que ie desirois sçauoir la nature essence & ressort de toutes choses, & principalement de cognoistre Dieu: & il me dit, aye bonne memoire, & ie t'enseigneray tout ce que tu veux apprendre: comme il disoit ces choses il changea de forme, & tout en vn instant toutes choses me furent reuelées en vn moment.

La

La Table Smaragdine d'Hermes ou les paroles des secrets d'Hermes.

CEcy est vray & essloigné de tout mensonge que ce qui est dessous est semblable à ce qui est dessus, par cecy s'acquierent & se font les merueilles de l'œuure d'vne seule chose, & comme toutes choses se font par vn, & Meditation d'vn: ainsi toutes choses sont faictes d'vn par conionction, le Soleil en est le pere, & la Lune la Mere, le vent la porte en son ventre, la terre est sa nourrice, la mere de toute perfection, sa puissance est parfaicte si elle est changée en terre, separez la terre du feu, le subtil d'auec l'espois & gros, & prudemment auec modestie & sagesse; Il monte de la Terre au Ciel, & descẽd derechef du Ciel en la Terre, & reçoit la puissance, vertu & efficace des choses superieures & inferieures: Par ce moyen vous aurez la gloi-

re de tout; Tu repousseras les tenebres & toute obscurité & aueuglement: car c'est la force des forces qui surmonte toutes forces & choses subtiles, & penetre les choses dures & solides, en ceste façon le monde a esté fait & les conjonctions & effects admirables d'iceluy: & c'est le chemin par lequel ses merueilles sont faites: & pour ceste cause ie suis nommé *Hermes* trois fois grand, ayant les trois parties de la sagesse & philosophie du monde vniuersel, & est parfait ce que i'ay dit de l'œuure Solaire.

Ces paroles emportent le prix sur toutes celles qui ont esté rapportées de ceste matiere, comme aussi Theophraste a laissé ce qui suit parlãt de cet art. Le principal de ses dits cõsiste en cela, prenez la Lune du firmament, change la du lieu superieur en eau, & la reduits en terre, & alors tu perpetreras vn miracle esmerueillable à tout le monde. Si vous conduisez l'operation iusques à la fin, & de son principe la iettés en terre facée, laquelle en nostre art est comparée à la terre boueuse, purgez & la nettoyez de cette saleté, alors elle reluira d'vn rayon plus clair & splendide : mais si vous la voyez changée & triste, ou comme pasle, lauez là au bain de bien seance, & l'ornez de vestemens de splendeur permanente& de terre creuë de laquelle elle se resiouït grandement, & qu'elle demeure en c'est estat iusques au temps à elle propre: car alors elle y demeure perpetuellement, par lequel aussi tu peux la deliurer des liés du tombeau. C'est le mystere de la Lune renuersée, que si tu en viens à bout tous les secrets de l'art te seront reuelez.

Le Symbole de Fr. Bazile Valentin.

LA pierre de laquelle est extrait nostre feu fugitif n'est pas des plus precieuses, & de ce feu la pierre mesme est construire de couleur blanche & rouge, & toutesfois n'est pas pierre, en ceste pierre là nature opere & produit vne fontaine claire & lympide, laquelle suffoque son pere fixé & l'engloutit iusques à ce que l'ame luy soit finalement renduë, & que la mere fugitiue soit faite semblable dans le Royaume : ceste pierre aussi acquiert de grandes puissances & vertus;elle est plus vieille que le Soleil, la mere preparée par le feu, et le pere engẽdré par l'esprit, l'Ame pareillement, le corps et l'esprit cõsistent en deux choses, desquelles toutes choses sont de c'est vn, et c'est vn conioinct le fixe et le volatil : ces choses sõt deux et trois et vn, que si tu ignores la cognoissãce d'aucun d'iceux, tu seras frustré de l'effect de l'art : Adam demeure dans le bain, dans lequel Venus trouue chose semblable à soy, et ce bain fust preparé par ce Dragon antique, quand il eust perdu ses forces et sa puissance;et cecy n'est rien autre chose, dit le

Philosophe, que le Mercure double en cela, son nom est caché, lequel se doit rechercher auec diligence et labeur assidu.

La fin prouue les effects.

Le Symbole Nouueau.

IE suis Deesse excellente en beauté et de grande race, née de nostre Mer propre, enuironnant toute la terre tousiours mobile, se iette de mes mammelles le laict & le sang, cuits ces deux choses iusques à ce qu'elles soient conuertis en or & en argent, surmontant les autres; i'enrichis celuy qui me possede.

O fondement tres-precieux & tres-excellent, duquel toutes

choſes ſont produites en ces terres, bien que tu ſois de premier abord vn venin orné du nom d'Aigle fugitif. La premiere matiere & la ſemence blanche & rouge de la benediction diuine, dãs le corps de laquelle la ſechereſſe & les pluyes ſont cloſes que toutesfois ſont cachées aux impies à cauſe de l'ornement & robe virginale eſpars par toute la terre; tes pere & mere ſont le Soleil & la Lune, l'eau & le vin auſſi opperent en toy, l'or pareillement & l'argent en terre, affin que l'homme mortel s'y reſiouyſſe en ceſte façon. Dieu tres-bon & tres-grand eſlargit ſa benediction & ſapience auec la pluye, & les rayons du Soleil à la loüange eternelle de ſon nom. Mais ô homme conſidere icy qu'elles chosesDieu te dóne par ce presét, tourmente fort l'Aigle iusques à ce qu il baille les larmes, et que le Lyon soit debilité, et qu'il desire la mort en pleurant: le sang d'iceluy c'est le thresor terrien conioint auec les larmes de l'Aigle. Ces animaux ont de coustume de s'engloutir et tuer l'vn l'autre et se poursuiure par amour mutuel, et prens la nature et proprieté de la Salemandre: Mais s'il demeure sans estre offensé dans le feu, il consomme les grandes maladies des hommes, des metaux et des bestes. Et apres que les anciens Philosophes ont eu la cognoissance de ce signe & de ce mystere, ils ont recherché auec diligence le centre de l'arbre qui est au milieu du Paradis terrestre, entrans par les cinq portes contentieuſes, la premiere d'icelles a eſté la cognoiſſance de la vraye matiere, car en icelle naiſt le premier & cruel cóbat, la ſeconde eſt la preparation comme la matiere doit eſtre preparée affin de trouuer les cendres de l'Aigle & le ſang du Lyon: ſur ceſte partie s'eſleue vn aigre cóbat: car le ſang & l'eau s'acquierent & vn corps ſpirituel lucide: la troiſiéme porte c'eſt le feu qui meine à fin de maturité: la 4. la multiplication, en icelle, le pois eſt neceſſairement requis: la 5. & derniere porte eſt la proiection ſur le metal. Or celuy eſt glorieux, riche & grand qui occupe ceſte 4. porte, car il acquiert la medecine generale de toutes les maladies, icelle eſt le grand caractere du liure de la nature, duquel ſort tout l'Alphabet : ce myſtere le plus ancien de tous ſubſiſte des le commencement du monde & de la creation d'Adam, & la ſcience de nature inſpiré de Dieu tres-bon & tres-grand par ſon verbe, puiſſance admirable, feu de vie, benit ruby tres-clair & luiſant or rouge, & la benediction de ceſte vie : mais à cauſe de la malice des hommes ce myſtere de nature eſt donné à peu de gens, encore que tous les iours elle ſoit deuant les yeux de tout le monde, & qu'elle vit comme ſe voit en ſa parabole ſuiuante.

Matiere Premiere.

IE suis Dragon enuenimé estant par tout present & à vil prix, la chose sur laquelle ie repose, & qui se repose sur moy se trouuera en moy, qui recherchera bien & diligemment mon eau & mon feu destruiseur & composeur.

Tu extrairas de mō corps le lion verd &rouge, que si tu ne me cognois exactement tu prens les cinq cens de mon feu, il sort vn venin de mes naseaux trop tost mur, lequel a apporté dōmage à plusieurs, separe dōc auec artifice le subtil de l'espois, si ce n'est que tu te resiouïsses de l'extreme pauureté. Ie t'eslargis les forces des masles & pareillemēt des femelles, & aussi des Cieux & de la Terre, les mysteres de mon art doiuent estre traictez courageusement & magnanimement, si tu desires que ie surmonte la force du feu, auquel affaire plusieurs ont perdu le temps, les biens & la peine. Ie suis l'œuf de nature cogneu des sages seuls, lesquels pieux &modestes en engendrent, de moy le petit monde preparé de Dieu tres bon & tres-grand aux hõmes, encor qu'il soit dõné à peu de gens (plusieurs toutesfois en vain le desirãt) affin qu'ils facent du bien aux pauures de ce mien thresor, & qu'ils ne mettent leur esprit & ne s'adonnent à l'or qui doit perir : les Philosophes me nõment Mercure, mon mary est l'or Philosophic, ie suis le vieil Dragon presẽt par toute la terre, ie suis pere & mere, ieune & vieil, fort & debile, mort & vif, visible & inuisible, dur & mol, descendãt en terre & montant au Ciel, tres-grand & tres-petit, tres-leger & tres pesant; l'ordre de nature est souuent changé en moy en couleur, nombre, poix & mesure, contenant la lumiere naturelle, obscur & clair, sortant du Ciel & de la terre, cogneu & n'estant rien du tout, c'est à dire de stable, toutes les couleurs reluisent en moy, & tous les metaux par les rayõs du Soleil, le rubis solaire, terre tres noble, clarifiée, par laquelle tu pourras transmuer en or le cuiure, le fer, l'estain & le plomb.

Opera-

Operation du myſtere Philoſophic.

IE ſuis vieil debile & malade, mon ſurnom eſt Dragon: Pour ceſte cauſe ie ſuis enfermé dans vne foſſe, affin que ie ſois recompenſé de la Couronne Royalle, & que i'enrichiſſe ma famille, eſtant en particulier lieu ſeruiteur fugitif: Mais apres ces choſes nous poſſederõs tous les threſors du Royaume, le feu me tourmente grandement, & la mort rompt ma chair & mes os iuſques à ce que ſix ſepmaines paſſent; Dieu vueille que ie puiſſe ſurmonter les ennemis. Mon ame & mon esprit me delaissent cruel venin, ie suis comparé au Corbeau noir, car c'est la recompence de la malice, Ie suis couché en la poudre & en la terre, pleust à Dieu donc que de trois vne chose se fist, affin que ne me delaissiez ô mon ame & esprit, & que ie regarde derechef la lumiere du iour, & que de moy sorte ce heraut de la paix lequel tout le monde regarde, en mon corps se trouuent le Souphre, Sel & Mercure, ces choses soyent bien à propos sublimées, distillées, separées, pourries, coagulées, fixées, cuites & lauées, afin que les feces & ordures soyent nettoyées,

Figure Seconde.

QVE si donc ces couleurs, qui sont plusieurs, sont changées, & que ce heraut apparoisse rouge: car c'est le fils tres-puissant & petit, ou le moindre, n'ayant point de séblable en tout le mōde, & qui a les forces & l'efficace du Soleil & de la Lune vainqueur de to⁹ l'or rouge, la cognoissance duquel tu acquerras, si toutesfois il est purgé 7. fois par le feu apres ces choses produits le dans la populace enuieuse, & qui porte haine à la recommandation de c'est œuure. Mais escoute ce qui suit.

Figure Troisiesme.

DIx hommes terrassent ce heraut & le tuent, toutesfois il leur pardonne & leur remet ceste meschanceté , quand apres ces choses il resuscite en ceste vie & se resiouit eternellement : par iceluy la plus grande partie d'iceux reuiuent ausquels il communique sa substance , la ville toutesfois est assiegée de tous costez, ou il faut qu'iceux endurét & meurét, & sont incontinét perdus au premier regard : Or les tenebres assaillant la Lune & le Soleil ce Pasteur succombe , & toutesfois ne peut estre separé à cause qu'il n'est pas semblable à la premiere terre, & les ennemis meurent pareillement auec luy, s'ils veulent estre faits participans de l'honneur & gloire. Or de la pure grace, l'Arc-en-Ciel apparoist quand le Roy les fauorise, & alors il faut chanter ses loüanges & ses effects.

Figure Quatriesme.

MAINTENANT les ennemis du Roy sont gehennez, & cognoïssant leur malice, tombent par terre tous ensemblement, & qui est dauantage, ils sont declarez coulpable au second chef, & leur ville assiegée par les ennemis, & par le feu premierement, à la verité & spirituellement, & maintenant corporellement & de mesme fin auec la premiere, ils tombent tous. Mais ce heraut comme vray Roy les ayde & assiste à cause qu'iceux sont seulement vn, & presque reduits à neant à cause de ceste Eclipse du Soleil de laquelle les Corbeaux tres-noirs consument toute leur chair: &

blessez de l'ame & de l'esprit sont proche de leur chair pourrie, & le Roy est nettoyé de pourriture, & pour estre cause l'ame, l'esprit & le corps sont conjoints affin qu'ils demeurent en eux, & dit pareillement habitent en luy: or le fixe réd cest autre fixe pareillement, affin que d'iceluy sorte vne lignée nouuelle & blanche: mais considere plus auant les couleurs de l'arc-en Ciel demõstrant qu'iceux sont dignes de la robe blanche nuptiale, que s'ils l'embrassent amiablement ils gaigneront la robe pourprée & dorée, & le repos du Sabath, auquel ils rendront à Dieu leur Createur l'honneur deu: desia la Lune obeïssante baille le iour du Soleil reluisant, & ceste amie bien aymée (l'argent) soit couuerte de vestemens blancs comme neige : mais toy ioyeux comprens le reste.

Cinquiesme Figure

A Ceste heure ie suis ressuscité du sepulchre & apparois à mes freres mon espoux m'embrassant, par lequel aussi ie rendray mon frere constant spirituel & blanc en le taignant encore qu'il ſoit debile & & imbecille, affin que ie luy reuele la force & puiſſance du Roy, lequel vainqueur me doit ſuiure en bref, & nous rendra ſemblables au Soleil, d'autant qu'il a reſſuſcité en moy, ie ſuis donc parangonné à la mer criſtaline, fixe, & ie deplore amerement la malice & imperfection de mes freres par laquelle ſe retirans de moy conjoints aux pierres & à la poudre terreſtre; ils perdent toute force, abbayans apres les choſes terriennes, & meſpriſans les celeſtes, car ſans aucune remiſſion ie plore & iette des larmes deſquelles la benedictió ſort & apparoiſt, & ne m'eſtudie pas à la vanité & impudence comme ma ſœur Venus touſiours attentiue à ſes mondanitez folâtres. Toutesfois elle pourra acquerir mon vestement, lequel ie deuois distribuer à cinq, pourueu qu'ils souffrent viure auec moy, mais mon frere Mars ce meschant & celerat trompeur apres qu'il a eu mes larmes & pleurs, il renuerse & tue plusieurs innocents, & enflammé de colere rayonnante, il mesprise du tout la Sagesse, modestie, & paix. Mon frere Saturne est aussi de mesme esprit, qui pressé de passion melancolique & d'auarice, renuerse le salut de plusieurs, aussi il a la face triste: Iupiter doux & clement approche de la Couronne Royalle, seuere, craintif, & plusieurs fois subiect aux passions d'inconstance, comme la plus grande partie des hommes est ſujette, encor que tous les hommes doyuent eſtre aſſemblez & conioints en vn : mais mon frere Mercure le plus ieune bien que vieil par prudence, il rompt les liens de concorde, il pleure & rit tout enſemble abondamment quand il cognoiſt eſtre ſemblable à la Salemandre ; il eſt mercenaire & operateur d'œuures admirables, ſemblable à celuy qui courant de toutes parts par le globle vniuerſel de la terre ſe reſiouit de la compagnie tant des bons que des meſchans & en ſort : Si donc ils imitoyent ma cõſtance, le Roy celeſte nous eſlargiroit de grands biens ou le Soleil ſe plaiſt dans les pluyes, & apres les pluyes il donne de grandes richeſſes, comme le pere de famille ayme ou pourſuit ſa femme d'vn amour ardant, reiettant les discordes & contentions entre eux & moy, ie donneray teinture à l'argẽt, reduisant mõ Roy en or.

Figure Sixiesme.

RELVISANT de grande clarté, i'ay vaincu tous mes ennemis, d'vn plusieurs & de plusieurs vn descendu de generation celebre, du plus bas il monte au plus haut, la plus basse force est jointe en ce monde auec la plus haute, ie suis vn, & plusieurs sont en moy, multiplié par dix, ie guaris autant de fois mes six amis pourueu qu'ils m'obeissent promptement, en la fusion, à l'exemple de mon amie la Lune. I'ay six robes nuptiales, & six couronnes dorées, chacune desquelles seront données à vn chascun, affin que semblables aux Rois ils regnent auec moy, dominans sur ceux qui m'ont mesprisé & mon amour, ils seront descouuerts par le feu, d'autant qu'ils sont soigneux de monter de la terre, s'ils ont esté vrayement ioyeux, blancs, de couleur sanguine & purpurez,

donnans de grandes richeſſes, tout ainſi que de Dieu ſout toutes choſes hautes & baſſes, commencement & fin : car il eſt A. & O : preſent en tout lieu, les Philoſophes m'ont orné du nom d'Azoth, les Latins A & Z, des Grecs α & ω, des Hebreux א ת Aleph & Thau, tous leſquels
noms ſignifient & font AZOTH [z
[α
ietté dãs le feu cõme par colere [ת
l'opreſſe l'eau, & les ſix autres metaux loüent grandement mon nom, d'autãt que ie les introduits au Royaume du Soleil, de là ils m'appellent vniuerſel quand ie les trãſmuë en tres-pur Or, lequel ne ſentira iamais aucun dommage par eau, feu, terre ou venin : Dauantage il ſert de remede aux maladies des hommes ; Ie ſuis le vray threſor Royal donné

ſeulemét aux pieux. Si donc Dieu tres-bon & tres-grand te donne la cognoiſſance de ce threſor vis modeſtement auec toy ; affin que te reſiouiſſant en la compagnie des meſchans, tu ne tombe en grand danger & affliction : car il y en a pluſieurs qui ſous couleur d'amitié machinent des embuſches à ton ſalut, & la reuelation doit eſtre de Dieu.

L'œuure vniuerſel des Philoſophes.

LE vieillard eſt le premier principe reuelé par l'art de Hermes, car le ſouffre, ſel & Mercure, le bas comme le haut, l'aſtre du Soleil

Soleil abondant en couleurs, le feu, l'air, l'eau, la terre engendrez de la generation de Diane & d'Apollon, le feu masculin & l'air fœminin signifiét la terre & l'eau, de pois pesant & leger, stable, constant & fugitif, despoüillé de la robe terrestre, & le prepare nud, enferme-le dans vn bain chaud, cuits-le à la chaleur des vapeurs iour & nuict iusques à ce qu'apparoisse l'estoille, autour de laquelle courent sept autres, par la sphere, & soit suffoqué en l'eau: le noir Corbeau premier oiseau voltige à l'entour des corps morts iusques à ce que de la Colombe blãche sorte vn oyseau rouge la suiuant, estains donc spirituellement le Corbeau noir, afin que toutes les couleurs paroissent: mais la Lune corporelle ſubſiſtant la Licorne ſe repoſe, & prepare le chemin au Roy; l'argent blanc ſort et le Roy ſuit de pres rouge encores ſolitaire: mais tres-pur, que ſi tu le menes auec ſa mere par tous les Royaumes il multipliera ſon prix de dix, et donnera de grandes richeſſes et commoditez à ſes freres. Heureux trois voire quatre fois, heureux celuy qui a acquis l'entiere cognoiſſance de ceſt art.

Declaration & explication d'Adolphe.

APRES que moy Adolphe eust deliberé selon la cupidité de mon esprit d'aller à Rome, affin que ie peusse plus diligemment rechercher les secrets des arts, vne certaine nuict estant hors du logis contraint par la foiblesse de mes forces &deuenu pesant par le sommeil,&grandemét affoibly à cause des pluyes & tempestes qu'il auoit fait tout le long du iour, i'entray dans vne certaine cauerne sous terre, desquelles le nombre est assez grand à Rome, & ayant fait ma priere à Dieu tres-bon&tres-grãd,implorãt son ayde,estant à ieun,& sommeillant,ie me suis endormy,mais à cause de l'incõmodité du lieu ie m'esueillay à la minuit, considerant la cauerne de mon hostellerie esleuant mont esprit aux œuures admirables de Dieu tres-bó &tres-grand,&examinant attentiuement les miseres de la vie humaine, finalement aussi balançant exactement les secrets & l'œuure des Philosophe , il me sembla ouïr quelque bruit en ma cauerne , qui toutes fois au mesme instant cessoit ; qui me fit auoir grand peur , partant que ce fust sorciers ou larronneaux : Mais implorant l'ayde de Dieu, i'aduisay vne petite lumiere loin de moy au plus profond de ma cauerne , laquelle s'augmentant petit à petit s'approchoit apres de moy,& destitué de force ie hesitois & lors ie vis vn certain homme tres-lucide , comme aërien recompensé d'vne Couronne Royalle ornée par tout d'estoilles or comme ie le regarde attentiuement considerant toutes ses parties interieures, son cerueau ainsi que l'eau cristaline se mouuoit soy mesme comme les nuës, & le cœur ainsi qu'vn rubis rougissant entre ces choses ie vo-

yois ſes inteſtins ; le poulmon le foye , le ventricule , la veſſie, leſquelles eſtoient toutes pures claires & lucides comme verre, & toutesfois point de fiel, la rate , & les autres inteſtins auſſi apparoiſſoyent , or ie ne puis exprimer par paroles, ſa clarté & pureté , & comme tourmenté par ſonge & viſion , à la fin ie m'eſcriay ô Seigneur mon Dieu deliure-moy de tout mal : mais ceſt homme approchant de moy me dit , Adolphe ſuy-moy , ie te monſtreray les choſes qui te ſont preparées affin que tu puiſſes paſſer outre les tenebres à la lumiere , lors ie dis I'ignore qui tu es, l'eſprit du Seigneur du Ciel & de la terre me conduiſe , & il me dit ſuy-moy : car d'autant que tu m'aimes & mon

Seigneurs tu ſeras auſſi pareillement aymé de moy , & toy tu loüeras le nom du Seigneur grandement , ces choſes dites , finalement entré au profond de la cauerne, conſiderant plus attentiuement toutes ces choſes , ie vis en ſa couronne vne fort reluisāte estoille rouge, les rayons de laquelle penetroient tout mon corps & mes entrailles , ſa robe eſtoit de lin blanc parſemée de fleurs de diuerſes couleurs, la couleur verde reluiſant fort au dedans, outre ces choſes vne certaine vapeur touſiours mouuante montoit de ſon cœur au cerueau & du cerueau au cœur : enfin donc il esbranla de la main la muraille par vn ſon grand & eſclatant & ſe retira de deuant mes yeux, de cecy derechef les grandes tenebres, la ſollicitude & la crainte ſaiſiſſent mon ame, & le Soleil ſe leuant ayant allumé vn cierge, cherchant diligemment le dedans de la cauerne, ie voy la muraille esbranlée & trouue vn coffre de plomb, lequel ayant ouuert ie voy le liure aux fueillets, duquel, qui eſtoyent de heſtre, eſtoit miſe en eſcrit comme pour memoire, la figure parabolique du vieil Adam, & ie la tournois iour & nuict de la main iuſques à ce que par vne ſeule voix ce ſecret me fut reuelé, par lequel i'ay cogneu entierement pluſieurs choſes admirables. Ie regardois au Midy où ſont les chauds Lyons, & és lieux ſujets aux Poles & au Septentrion, dans leſquels lieux les Ourſes ſont, & chantois par hymnes &

loüange le nom du Seigneur, & cognoissois le mystere de ce liure cacheté de la nature, lequel secret comme auparauant, il auoit esté adiousté, ie le mettray aussi en ce lieu.

Le Symbole de Saturne.

ADAM estant chargé de vieillesse, n'ayant pas obeï à la Loy de Dieu auec sa femme, auoit tourné sur soy la sentence de malediction, & tous deux descheus & remplis de crainte, fuyans se sont cachez dans les buissons & espines, & meus de honte & de vergongne à cause de la nudité de leurs corps, ils fussent aussi morts miserablement, si la misericorde de Dieu le Createur tres-bon & tres-grand ne les eust reduits à l'aduenir en leur premier estat : car deuant qu'ils fussent renouuellez ils engendroyent des enfans imparfaits, & comme ils se furent eux mesmes rendus indignes de la possession de ce jardin, & aussi qu'ils deuoyent estre reuelez à tout le monde, ils furent iettez de ce iardin de delices par vn rayon de feu, & combien que vrayement ce iardin abondoit de douceurs & de delices toutesfois Adam auec sa femme le surpassoit de plusieurs generations. Il y a au Latin le multis parasangis, qui signifie trente stades de terre. Mais comme ils furent iettez hors d'iceluy, Eue femme meuë d'inconstance sortit premierement Adam homme constant & magnanime, ne voulant ceder qu'apres auoir

receu six playes : mais Eue receuoit le ſang qui s'eſpandoit de ſes playes, & le gardoit le tirant du iardin de pareille force aimantine, car il eſtoit affoibly de ces premieres forces, qu'il ne pouuoit recouurer iuſques à ce que lauez enſemble dans vn meſme bain, & s'aymant mutuellement, ils deſiraſſent la mort tous deux, & derechef reſſuſcitaſſent en vn, & apres la mort ils engendraſſent vn enfāt d'eſſence ſupréme. Mais ceſt enfant deſirant pareillement la mort a reſſuſcité affin qu'il penetraſt toutes choſes, & doit eſtre multiplié par dix : car ſes freres imparfaicts & debiles le combatent & l'attaquent : car ſi cela n'eſtoit tout le labeur ſeroit vain & ſans profit. Or apres ces choſes ils meurent tous enſemble auec luy, à la fin reſſuſcitant & regnans auec luy reluisans & rayonnans comme le Soleil de la terre : car leur volonté est obeïssante au Roy, de cecy ayant acquis des richesses eternelles qui seront dix fois, cent fois & mille fois. A Dieu seul duquel procede toute sagesse soit honneur & gloire.

Ainsi soit-il au Mercure, lequel bien qu'il soit sans pieds court, comme l'eau, ne moüillant les mains, et opere tout metalliquement.

FIN.

POEME PHILOSOPHIC,
SVR L'AZOTH DES PHILOSOPHES.

Par le sieur de NVISEMENT.

SI l'Art pouuoit creer les principes des choses,
Comme il peut accomplir les puissances encloses
Es principes crées, & les multiplier;
Nature aux pieds de l'Art viendroit s'humilier:
Au lieu que deuant elle il flechit & s'incline;
Car s'il a de la gloire elle en est l'origine.
Comme experte maistresse, & luy comme ayde expert.
Elle fait ses aprests, dont apres il la sert.
Les principes prochains dont ceste grande ouuriere.
Compose des metaux la matiere premiere,

Et ceux dont l'elixier par l'art se doit former,
Pour des corps imparfaits les deffauts reformer,
Sont en estre, en substance, & vertus uniforme
Pareils en qualitez, mais diferens en formes.
Nature les prepare ; & en les preparant ;
Elle rend à nos yeux leur aspect different.
Au centre de la terre elle tient sa boutique,
Ou d'engin admirable elle assemble & fabrique
Des principes premiers ces principes prochains ;
Dont elle va formant de ses expertes mains
Vne masse confuse ; ou par poids elle assemble,
Les quatre qualitez des deux spermes ensemble.
Ayant meslé l'eau seiche auec l'esprit puant,
Sa fournaise elle enflamme ; & les va transmuãt
En substance fumeuse, ou vapeur qui sans cesse
Monte si quelque obstacle opposé ne l'abaisse.
Si rien ne la reprime à force de voller
Elle eschappe fuitiue ; & va former en l'air.
Quelque instrumẽt du foudre : ou l'aspect fatidique
D'vne errante Comethe, & feu Metheorique.
Mais trouuant vn rempart qu'elle ne perce pas,
Elle est reuerberée, & recombee en bas.
Puis s'escartant pressée, aux plus estroites veines
Des rochers sourcilleux, & montaignes hautaines.
Elle y est retenuë auec l'effort puissant
De vertu mineralle ; à elle s'vnissant.
Du tres-ferme lien d'vnion perdurable,
Par la douce action de chaleur amiable ;
Qui iour & nuict persiste, afin de conuertir,
En metal, la vapeur qui ne peut plus seruir.
Ainsi donc la nature a pour toutes estoffes

Ceste

Ceste double vapeur commune aux Philosophes;
Quelle rend accomplie, autant que le permet
Et le temps, & le lieu, ou la vapeur se met,
Car si elle rencontre vne impure matrice,
L'ambrion qui s'y forme est taché de son vice,
Et si l'auare main de l'auide marchant,
Du ventre maternel va l'enfant arrachant,
Auant les ans premiers destinez á leur estre,
C'est vn fruict abortif, qui meurt premier que
naistre.

Le clair-voyant Hermes d'vn œil de Linx
ouurit,
La terre iusqu'au centre; & subtil descouurit
Les secrets plus profonds où nature enuieuse
Employe en se cachant sa main industrieuse.

Il luy veid marier Mercure auec Venus;
Qui dans la touche aymée, entrelacez & nuds:
Engendrerent l'enfant ou leurs sexes s'assemblent,
Ressemblãt à tous deux, qui point ne luy ressemblent

Venus se sentant grosse elle explora du sort,
De son cher Ambrion la naissance & la mort.
Trois Oracles diuers l'affligerent confuse;
Et nul d'eux toutesfois mensonger ne l'abuse.
Le premier luy presage vn fils au fer soumis:
L'autre luy a pour l'ende vne fille promis:
Puis le tiers luy annonce vne engeance nouuelle,
Qui naissant fille, & fils, n'est masle ny femelle:
Et dont la fresle vie en l'air doit expirer,
Ces contraires destins font Venus souspirer,
Pleine d'impatience; attendant la iournée
Qu'esclorra de son fruict la triple destinée.

Sa n'aissance conforme aux presages diuins,
Pour sa mort luy fait croire aux mots des trois deuins,
Il naist masle femelle, & n'est homme ny femme,
Le glaiue, l'onde, & l'air luy desroberent l'ame,
Tué, noyé, pendu, en l'auril de ses ans;
Honoré du beau nom de ses diuins parents.

L'aueugle en tel mystere aura cecy pour fable,
Qui est aux dessillez histoire veritable.
Car les principes vrais par nature alliez,
Sont ces diuins amans au ioug d'Himen liez:
Et la double vapeur qui de ces deux s'exaile,
Emportant de chacun sa portion egalle,
Est cet Hermaphrodit; auquel sont contenus
Les deux spermes diuins de Mercure, & Venus.

L'Art imitant Nature accomplit l'œuure entiere,
Par la mesme pratique, & la mesme matiere;
Au ventre d'vn clair vase en globe rondissant,
L'agent au patient bien purgez vnissant:
Desquels le feu fait naistre vne vapeur subtille,
Qui maintesfois s'esleue, & maintesfois distille;
Desanimant les corps qui la vont produisant,
Puis auec leur propre ame en eux se reduisant.

C'est Azoth, c'est l'esprit, c'est l'ame fugitiue,
Qui fumée inuisible, entournoyant arriue
Au haut de nostre globe; ou perdant force & cœur,
Visiblement retombe en perleuse liqueur:
Et non point l'argent vif, commun, froid, & humide,
Encor qu'il apparoisse éclatant & fluyde:

Ains vn Mercure extrait des corps subtiliées
Par l'argent vif vulgaire ouuerts & desliez:
Esprit qu'on peut nommer Mercure de Mercure;
Plus subtil, chaud & meur, que celuy de nature.
Par cest esprit visible au Ciel glorifié;
Nostre Laton immonde est tout purifié,
Qu'il deuient medecine infinie en puissance;
Pour exterminer tout, ce qui tout corps offence.
Qui a veu cest Azoth a veu nostre Elixir;
Car de nostre Elixir nostre Azoth doit issir:
Puis qu'Elixir n'est rien qu'vn eau Mercurielle;
Et que l'on nomme Azoth la vapeur qui sort d'elle.
Elixir est le corps en Mercure reduit;
Et l'Azoth est l'esprit qui des deux est produit:
Tout ce fait eau, par l'eau; mais eau qui rien ne mouille,
Et ne se ioinct sinon à sa propre despouille.
Or l'on peut ce grand œuure en trois parts diuiser,
Et sous trois noms diuers le secret desguiser.
Rebis est le premier, quand la pierre on compose:
Et qui les deux conioints ne sont plus qu'vne chose.
Elixir le second, lors qu'en nostre cercueil
Flotte vne mer d'argent sous des voilles de dueil.
Azoth est le troisiesme, alors que dans le vuide
Du globe diaphane, vne vapeur lucide
Hors de ses flots s'esleue, & se condanse en haut:
Puis rechet quand la force à ses ælles defaut.
Esprit qui rauit l'ame, & dans son sein la cache,
Lors que des corps pourris sa teincture il arrache.
Teincture, huille, ame, soulphre, extraits par nostre agent:

Viue eau qui brille, & roulle aussi claire qu'argēt:
Sous l'espece esclatante, humide, & inconstante
De l'esprit epuré de ceste mer flottante.
Comme apres que la terre aura son eau repris,
L'ame, & l'esprit seront dessous les corps compris:
Corps, & terre où il faut que l'or meure & pourrisse,
Comme le sperme humain en l'humaine matrice.
On void les vegetaux par la terre produits,
Par putrefaction estre en terre reduits:
Terre qui en vertu la premiere surpasse,
Par son sel qui l'anime, & qui la rend plus grasse.
Ceux qui du labourage ont pratiqué le train,
Ont eu soin de la paille aussi bien que du grain:
Car la paille pourrie en graisse conuertie,
Se reioint à la terre, & luy donne la vie:
Dont apres, son grain propre, en vn tel champ semé,
Est plus abondamment produit & animé.
Les metaux, du Mercure, ont tiré leur semence:
Il est leur propre terre & luy seul à puissance
De les reduire en luy par putrefaction,
Pour donner aux parfaicts plus de perfection.
Car nos corps submergez dans les flots du Mercure,
Et transmuez en luy par propre pourriture:
Sont la terre feconde, & les champs fructueux,
Où nos beaux grains semez se font plus vertueux.

FIN.

TRAICTÉ DE LA NATVRE DE L'OEVF des Philoſophes.

Compoſé par Bernard, Comte de Tre-ues, Allemand.

A PARIS,

M. DC. LIX.

DE LA NATVRE DE L'OEVF.

Epistre certaine de Bernard Allemand: touchant l'Oeuf des Philosophes.

MONSIEVR, auec correction, il me ſemble que vous deſirez touchant ces choſes autremẽt que la diffinition des choſes naturelles n'a eſté laiſſée, lors que vous dictes que la matiere de Iean le Noir ne peut paruenir à effect, & par conſequent le Soulfre, ſelon que vous l'auez practiqué, Monſieur, vous n'auez pas entendu la qualité de ce Soulfre, suiuant l'essence de sa matiere & alteration, mesme la matiere perfectiue du susdict Iean le Noir se doit mener à fin, ce qui est par preparations naturelles, mais vous proposez beaucoup de choses qui ne seruent de rien à la proposition, mais comme indigne & confus n'auez pas compris la possibilité de nature, le son des mots vous a trompé : car il falloit premierement discerner auec prudence ce qui doit estre fait le premier, & pourquoy, & quand, pource que le premier qui est le dernier en resolution, est le premier en l'imposition, car par cecy il faut que parueniez à la cognoissance du Soleil & de l'Elixir, c'est assauoir en reduisant cecy en ses premiers principes & Elemens desquels il est faict : vous deuez donc diuiser le composé iusqu'aux incomposez, mais il faut premierement auoir la cognoissance du composé, puis que vous le reduisez en parties mises en ordre iusqu'à ce que parueniez à ses principes, & c'est la cognoissance resolutiue, & doctrine appellée compositiue, c'est à sçauoir qui conioinct ce qu'elle a diuisé commençant par la premiere matiere & par les principes & Elemens, & se trouuent aux composez mais la doctrine resolutiue commence par les composez & sont simples & és principes & Elemens qui sont appellez la premiere matiere, de laquelle se fait l'Elixir qui transmuë les corps. Comment donc croyez vous introduire la forme de l'Elixir complet en la matiere qui à cecy est moins disposée, veu que l'Elixir a deu pouuoir estre faict des choses homogenées & vniformes en substance, cóme du pur Mercure, auquel toute la substance du corps ſixe demeure reſoulte & faire volatille ſans aucune ſeparatior. Or l'intention des Philoſophes eſt & a touſiours eſté & ſera , de faire du corps l'eſprit , c'eſt à ſçauoir du pur Mercure , qui eſt appellé philoſopiiic, car il eſt faict par procedure de Philoſophie, contenant en ſoy double nature : Or puis qu'il faut compoſer la Pierre de deux ſubſtances & de volatille & fixe : il eſt neceſſaire premierement de faire ou tirer de l'vnion de ces deux leur Mercure, deuant que faire l'Elixir complet, & cecy eſt leur Mercure, qui cauſe perfection, & auquel tout le magiſtere conſiſte , & ont entendu ceſtuy-cy diſant que ſi tu peux par le ſeul Mercure acheuer ton ouurage , tu ſeras vn tres-habile indigateur de l'Art , ce qui ſe faict par la paſſion laquelle il doit ſouſtenir , eſtant occulte & homogene auec son corps, & c'est ce Mercure qu'ils ordonnoient d'eslire premierement, & mesmes autant des corps & du Mercure non qu'il soit Mercure en toute sa nature, commo on entend vulgairement, ny en toute sa substance, pource qu'il a desia perdu toutes ses feces terrestres & adustibles auec beaucoup de dissipation de sa fugitiue aquosité, & demeure pure substance par moitié vnie & conioincte auec la substance fixe: car en l'œuure, auant que pouuoir faire la vraye medecine transmutatiue des pierres, il est necessaire de sublimer le tout, non seulement la partie volatile, mais aussi la fixe, lors le tout estant conuerty en esprit, les Philosophes ont dit que c'estoit l'eau de volatillité, car auant ceste consideration parlaquelle toute la matiere se conuertit en fumée, ont appellé toute ceste pierre eau, comme atteste Socrates, disant en la Tourbe, Si vous ne reduisez le tout en eau, vous ne paruiendrez pas à l'ouurage, car il faut que le corps soit occupé par la flamme du feu, afin qu'il soit destruict & faict debile auec l'eau en laquelle il est, & Consolies dict, Sçachez ô Inuestigateurs de cet Art, que tout corps est dissoult auec l'esprit, auquel il est meslé, & auec lequel sans doubte il est faict spirituel. Or quand cet esprit se sublime, il est appellé eau, comme il a predit, laquelle eau se laue elle mesme & se nettoye: d'autant que toute la substance est tres subtile, comme il a esté predict, monte en laissant ce qui la corrompoit: car Mercure se putrifie en l'œuure, par laquelle le corps se conuertit en esprit, non seulement de ses sulphuritez, mais aussi de toutes terrestritez, & des grosses & subtiles parties aqueuses, venans de viscosité, attachées par forte mixtion, & se faict le Mercure des Philosophes, duquel parle Geber. La consideration de la chose perficiente est la pure substance du Mercure, d'autãt qu'en l'esleuation l'vn & l'autre monte en façon de fumée par precedente fusion, & pource qu'aussi alors il se fond, & se coagule par le froid, & se desnuë de superfluité, il se laue & imbibe de son eau, c'est asçauoir par l'esprit preparé qui est venu du mesme germe, & c'est la Philosophique dissolution qui se faict auec le feu dissoluant, preparé premierement comme il est requis, fait & vigoré, ce qu'atteste le Philosophe Mirandus, disant, il faut que le corps soit liquefié auec son dissoluant, afin de l'alterer de sa nature corporelle, iusqu'à ce que par la dissolution deſtructiue, le corps ſoit faict ſpirituel & ſubtil. Or pource que ce Mercure à en ſoy nature fixatiue qui luy eſt conioincte, comme auſſi à cauſe de ſa double nature, les Philoſophes l'ont appellé eauë permanente & perſeuerante au feu, car la partie volatille n'eſt pas ſans ſon corps, auec lequel elle eſt diſſolublement meſlée & tous deux ſont inſeparablement faicts vn, lequel naturellement ou de ſa nature n'eſt pas permanent, au feu, à cauſe qu'il ne ſe faut pas fier au Mercure ſublimé, ny auſſi diſſoult, veu que le tout eſt fugitif, mais au calciné apres la diſſolution, comme dit l'expoſeur en la Lumiere des lumieres, eſtant ſublimé, il eſt fugitif du feu, & blanc de ſa nature mais lors que par ſon coagulatif il eſt coagulé & calciné, il eſt fixe & retenu, & ce coagulatif eſt le corps qui est caché au Mercure des Philosophes : quand il vient à naistre, ce Mercure est appellé laict, pource qu'il se fixe & coagule par son corps caché, & est faict vn auec le Mercure, & vn en substance, & ainsi se coagule luy mesme & non pas vn autre, & se cognoist de la cire fonduë, pource qu'en la commixtion ils sont entierement faits vn sans separation, pour durer eternellement : & l'vn, & l'autre en la mesme substance acheuer le reste, & que ce qui est mis au feu passe de nature en nature, iusqu'à ce qu'au mesme vaisseau en forme de matiere, il soit conuerty en vraye medecine, & cette est sa derniere disposition, laquelle ressemble beaucoup à la generation humaine. Or vostre matiere n'est encore paruenuë à cette proprieté par laquelle elle puisse estre appellée

Oeuf philosophic, & par laquelle disposition elle puisse en dernier ressort estre transformée en Elixir complet, comme l'œuf en poulet, pource que toute vostre matiere n'est pas entierement amenée en esprit rond, circulé par circulation deuë, mais c'est vn corps de soy fixe, ne fuyant point, & vn esprit fugitif seulement par soy sans le fixe, desquels il apparoit que cecy n'est pas vn Oeuf, puis que l'vn rejette le reste. Puis donc que la generation du grand Elixir se faict vaporablement & permixionnément en l'air, comment croyez-vous paruenir à la fin des ennemis trop esloignez en nature, car iamais le corps, lors qu'il permet que l'esprit se separe sans sa nature, ny l'esprit lors qu'il monte sans sa siccité, ne peuuent se conuertir en Elixirs, pource que vaporablement il ne se peuuent pas mesler les vns auec les autres la cause pour laquelle les Philosophes ont appellé leur Mercure Oeuf, est aussi cette-cy, pource que tout ainsi que l'œuf est vne chose ronde circulaire, contenant en soy deux natures en vne substance, le blanc & le iaulne, & tire de soy mesme vne autre chose qui a ame, & vie & generation, c'est à sçauoir lors qu'il en sort vn poulet, ainsi aussi icy le Mercure contient en soy deux choses d'vne nature, corps & esprit, & tire de soy l'ame & la vie lors que le tout est spirituel, d'où apres se faict la generation du vray Elixir, ce qui a faict dire à Mirandus, cet Oeuf tire de soy la vie qu'il a, puis apres l'ame & generation. Et a dit Platon, en l'œuf des Philosophes il y a des choses qui estãs entierement meslées & putrides se conuertissent en esprit, car il est vif

& non mort, c'est donc cet Oeuf qui estant mis au feu par seule decoction, sans qu'on y touche des mains, faict vn poulet par vne seule disposition, qui s'acheue soy-mesme, & se confirme, & cecy est de la nature hermaphrodite, pource qu'il est comme masle & femelle, & de complexion hermaphrodite, comme le Philosophe le confirme disant aussi, ainsi la semence de la plante est semblable à l'impregnation, qui est vn meslange du masle & femelle, & tout ainsi qu'en l'œuf il y a vne force pour engendrer vn poulet, & semblablement sa matiere qui luy est necessaire iusqu'à ce qu'il sorte d'iceluy, ainsi au nostre, & tout ainsi que la femelle met vn œuf en vne heure, & la semence de la plante, ainsi aussi nous nostre œuf, afin qu'il s'en engendre vn Elixir, d'où il est aisé à voir qu'vn

Elixir ne ſe peut pas engendrer ſinon des choſes qui ont en elles la complexion Hermaphrodite, comme il ſe voit en l'Oeuf ſuſdit. Or Albertus eſſaye de confirmer la complexion de cet Oeuf, au troiſieſme des mineraux diſant ainſi au chapitre du Soulphre, il faut bien que le chaud & le sec soient conioincts à l'humide & froid en vne meſme complexion, & cette complection eſt Hermaphrodite, comme il ſe voit és plantes, ie vous eſcry la determination de cet Oeuf auec la declaration, de peur que ne failliez en la proche matiere de laquelle il ſe doit faire vn parfaict Elixir, comme vn certain de Carcaſſonne ſe faiſant appeller Maiſtre Tolquet, aſſeura à Leotard qu'il auoit veu voſtre matiere en vn certain vaiſſeau en forme de Mercure meſlé auec le corps, & eſtant comme à demy congelé, laquelle il dit, comme par vitupere, n'estre pas vn Oeuf, combien qu'il dic la verité que vous vous estes fouruoyé, mais iceluy vous redarguant en verité, opine sans cognoissance de cause, sauf toutesfois sa reuerence, & ceux qui le suyuront. I'ay cogneu de son intention, & par sa sublimation, & eau laquelle il croit en tirer, & laquelle il asseure auec beaucoup d'ignorance que c'est le vinaigre Philosophic: mais en verité, puisque la nature & toute son esperance luy contredisent, ses paroles ne contiennent aucune verité, mais esloigné & aliené il est de la Philosophie par superfluës fantaisies, ne considerant pas les formes de cette transmutation, ny les Elemens, ny ce qui est real, mais ce qui est fantastic, ny ne considerant pas aussi que les mesmes formes peuuent auoir leur estre transmutatif de

la mala matiere Philosophique & de ceux qui sont en la matiere Philosophale, & non des estrangeres, comme doit considerer le real Philosophe, que ce qui est en la matiere y est seulement de sa nature, & est real : semblablemét il doit considerer le mouuement comme l'efficient selon qu'il esmeut la matiere, & la forme selon l'estre qui est en la matiere, & aussi la fin selon ce qui est la borne du mouuement, selon que la matiere l'esmeut, & semblablement la matiere mesme autant qu'elle peut estre la matiere de la forme Philosophique, & selon ce qui est le subject de la forme, & selon l'estre que la forme a en la matiere, & ainsi se cognoist la façon de faire des hommes philosophans, mais Tolquetus n'estoit pas de telle consideration, ne changeant pas de complexion, combien que la correction fraternelle soit vn œuure de misericorde corporelle, pource que par la corporelle, l'homme gaigne la misericorde du corps ; mais la spirituelle gaigne la vie de l'ame, toutesfois quand elle ne sert pas aux obstinez, ceux qui resistent à telle correction, ils se font demons, ne connoissans pas la defectuosité ou la faute, parquoy faut laisser telles gens comme publicains, suiuant la sentence de nostre Sauueur. Math. 18. ceux qui tombent par ignorance sont moins esloignez de la verité que Monsieur Turquet, encor que vous ignoriez les termes de l'art, & la forme de la matiere proche à la generation des Elixirs, ou de la medecine, toutefois vous auez la matiere congruë à celle là, & l'ordre congru, si vous entendez bien la forme des preparations, lesquelles ie vous ay baillé suffisamment auec ses qualitez & causes necessaires, & cõme elles se font, & pource que la proprieté de l'œuure par laquelle la nature est conduitte & tirée à perfection, est dedans sa matiere par le propre mouuemẽt de la nature mesme, resiouyssez vous, pource que vous la pourrez trouuer non par doctrine, mais par la propre indignation de la mesme nature du mouuement determiné, c'est pourquoy il faut considerer le mouuement selon que la matiere se meut en la forme de relation vous pouuez reigler la matiere par vn mouuement naturel, pource qu'vn tel mouuement estant propre & determiné, tend tousiours introduisant en la matiere propre l'espece propre, d'ou necessairement s'ensuit multiplication par semblable espece en la mesme matiere. Or puis que vertu de l'Elixir s'engendre formatiuement de la proprieté de la matiere, ou bien combatuë par l'humide vnctueux, ou bien de la matiere humide par ſiccité terreſtre, ce qui eſt vne meſme choſe, vous deuez remarquer qu'vne telle paſſion ou cõbat procede la tranſmutation de la ſubſtance en forme d'Elixir complet ce qu'eſt à dire, que le ſec & humide endurẽt premierement enſemble, pource que tous deux enſemblement paruiennent à vn qui eſt homogene & generatif naturel, ſans qu'a iamais ils ſe ſeparent, comme vous pouuez voir par la nature & complexion cy deſſus declaré. Or l'œuf n'eſt autre choſe en ſa grande quantité qu'vn humide aqueus, endurant & ſouffrant ſous le ſec terreſtre, ainſi auſſi l Elixir parfaict n'eſt autre choſe que Mercure, qui a enduré vne tres-grande chaleur & ſiccité complexionnelle, dont le Mercure qui a ainſi ſouffert ſera la proche matiere de l'Elixir, par l'experience duquel on trouue que ce ne l'eſt pas s'il ne ſe liquefie & diſſout par forte ignition: & eſtant ainſi vny il ſe coagule au froid en pierre fuſible metalique, il apert donc que le Mercure eſt la proche matiere de l'Elixir par la paſſió qu'il reçoit du ſec terreſtre aduſte, pour plus ample declaration reſpondant à vos vers, que voſtre deſir ſoit de connoiſtre que le penultieſme terme de l'œuure, en entendent generalement en tous les degrez auſquels nous eſſayerons de paruenir, eſt la pureté de la matiere & rectitude parfaite, par leſquels toutesfois a ſçauoir par pureté & rectitude noſtre œuf eſt parfaict pource qu'alors la ſimple nature ſe reſiouit & s'acheue en la ſimple nature pure en homogeneité & proportion des Elemens. Or la cauſe qui faict opiner quelqu'vns que la compoſition de c'eſt œuf eſt impoſſible, a eſté ou la tresforte conſtruction du corps, ou la difficile reſolution, car ce qui difficilement ſe conſtruict, ſe diſſoult difficilement, mais s'ils ſçauoient la compoſition naturelle ils ſçauroient auſſi la reſolution, & que la conſtruction artificielle ſe peut faire, mais par vn cours naturel: Parquoy puis qu'ils l'ignorent ils doiuent condamner leurs operations induës par leſquelles ils veulent paruenir par corruption & generation à autre choſe, tels ont eſſayé que le corps eſt de tres forte compoſition, mais ils ne ſçauent pas encor combien il eſt fort, pource que s'ils eſtoiēt paruenus à ce terme, ils ſcauroient comme l'œuf eſt faict de la corruption du corps, qui est la cause pour laquelle tels n'ont pas bien cogneu les fondemens de nature, reiettant le superflu, & accroissant ce qui est diminué, & non-seulement la superfluité mesme & la diminution qui est cachée & qui se voit, & par consequent la nature mesme qui est la racine & essence parfaicte, ny la commodité de l'œuvre, la proprieté de laquelle est de cacher ce qui le manifeste, & de manifester ce qui est occulte, ce qu'ils pourront cognoistre en mortifiant & viuifiant, desquelles choses on voit tant la corruption & infection des metaux, que semblablement la droicte composition de nostre oeuf, parquoy nottez que lors que les Philosophes disent qu'il n'y a rien de superflu en cet oeuf, ils entendent qu'il n'y faut point manier & oster des mains, mais qu'il faut laisser faire à la seule decoction de sa pallification, il apparoist en la decoction de l'œuf quand il retourne dur, ou bien en son inueteration, ce qu'il faut bien noter, & lors qu'ils disent puis apres qu'en l'œuf susdit il n'y a point de diminution, ils demonstrent par cela qu'il n'y faut rien adiouster, veu qu'il cõtient tout ce qui est requis pour nostre magistere, donc ceste pierre est vn œuf parfaict de deux substances d'vne nature, qui est faict à sçauoir de corps & d'esprit en vnité d'essence ou de nature, & en ceste conionction de resurrection le corps est fait esprit comme l'esprit mesme, & sont faicts comme vn, comme eau meslée auec eau ne pouuant à iamais estre separée, n'y ayant aucune diuersité en eux à sçauoir de trois, qui sont esprit, ame & corps, ſans aucune ſeparation, ce qui ſe voit voirement en l'vnité de la Trinité, en Dieu le Pere, & le Fils, & le S. Eſprit, qui ſont vn en Dieu meſme, auec diſtinction ſans diuerſité en ſubſtance, deſquelles paroles nous pouuons conuaincre directement que les Philoſophes anciens qui ont eu cette partie, ont eſté deuins par cet art diuin de l'Apparition de Dieu en humaine nature ou chair, à ſcauoir Chriſt, & ſon vnité auec Dieu par l'abondance du S. Eſprit, combien que fort indiſtinctement & confuſement ils ont cogneu cecy, deſquels ie ſuis d'aduis qu'on remarque la verité & les figures des choſes, ce que tous ceux ont eſté vrays artiſtes de cet art diuin & glorieux ont peu mettre en Dieu la Trinité & vnité, toutesfois en la Trinité auec dictinction, mais ſans diuersité en luy, mais en cette Pierre est assignée Trinité en vnité, & au contraire auec distinction sans diuersité. Ie ne voy pas qu'il y ait, pour celuy qui regardera de pres & qui sçaura vn exemple en tout le monde plus semblable que cestuy-cy, pour l'assignation de la Trinité en Dieu. Or icy se rapporte ce qui est en S. Augustin au premier de la Trinité & de l'ame, c'est à sçauoir qu'il y a en l'ame, ces trois, qui neantmoins sont vn, à sçauoir memoire, intelligence, & dilection ou volonté, qui est la plus belle & veritable, mais que par aduanture quelque contradiction, mais non pas en cest endroict, ie croy fermement que si quelque infidelle sçauoit bien cet Art, il seroit apres necessairement fidelle en la Trinité de Dieu & mettroit sa fiance en nostre Seigneur Iesus Christ fils de Dieu, que s'il ne faict cecy ie croy que cela ne vient que d'vne crainte qu'il a en soy de sa secte, & en la loy premiere donnée par d'autres, qu'il ne soit point puny de semblable façon, pource qu'il voit la Trinité en Dieu, par ceste pierre tres occulte & tres precieuse, comme ont veu Hermes, Platon & les autres anciens Philosophes, il ne se trouue donc point de comparaison semblable, & n'y a inquisition ny subtilité, ny vtilité, ny tresor semblable à cestuy-cy, veu que l'ame de celuy qui sçait ces choses, & son corps sont faits libres en ce monde, attendans la beatitude du siecle futur, pouuans bonnes œuures estre transportées à Dieu apres sa mort, & estre conioinct derechef à son createur au dernier iour, & estre auec iceluy heureux, pour reuenir au propos de l'vtilité de la

Pierre, nous dirons que iamais l'esprit & le corps ne paruiendront à l'vnion predite, comme atteste Raso en l'encomion de son liure, iusqu'à ce que l'vn & l'autre soient nettoyez. Il dit aussi, afin que mieux vous l'entendiez, que ses termes & dispositions precedentes ont grand accord auec ce qui s'engendre en l'œuf, auãt que les dispositions soient faites, par lesquelles il puisse se tourner en Elixir complet, sçachez que les susdits à sçauoir l'esprit & corps ne s'vnissent pas bien l'vn l'autre, pour pouuoir demonstrer leurs vertus, par lesquelles la parfaicte operation se faict, si l'vn & l'autre ne sont bien nets, car le corps ne prendra point l'esprit, ny l'esprit le corps pour faire que le spirituel soit corporel, ny le corporel spirituel, si toute l'ordure & immondice ne sont ostées, ce qu'estant faict le corps embrasse l'esprit, & l'esprit le corps, & d'iceux se faict l'operation parfaite, si la fixion surmonte la grande volatillité, mais si la tresgrande fixion est vaincuë par la grande volatillité, la forme de l'œuf ne s'acheue pas, estant seulement vn corps qui se retire vers l'esprit, & est icy le penultiesme terme de nostre Mercure qui est appellé Oeuf, contenant en soy ce qui est requis pour la perfection de nostre magistere, auquel il n'y a rien de superflu, ny aucune diminutió de la perfectió de l'Oeuf, mais c'est tout ce qu'il faut pour la production du poulet & de la medecine, d'où l'artiste de sain entendement pourra remarquer qu'en ce magistere il y a trois choses qui demonstrent l'ordre, premierement que la preparation precede la conionction, secondement, que la preparation de l'vn & de l'autre n'est pas perfection, mais seulement vne disposition à conionction, par laquelle il prend la forme de Pierre ou de Soulfre ou de nostre Mercure qui ne sont qu'vn en l'œuf, duquel nous auons traicté cy dessus, & du contraire la perpection n'est pas simplement preparation, mais vne induction immediate de forme, qui peut acheuer nostre oeuure, tiercement qu'en tout le temps de leur conionction leur vnion estant parfaicte, ils sont à iamais trouuez purs & nets, & despouillez de toutes superfluitez, d'où l'on peut aisément voir qu'au temps de leur pureté ils sont faicts tous deux apres& apres pour la rectitude de la pierre, ou generation de nostre oeuf, & non deuant, ny plus outre. Or il suffit de bien preparer la matiere, de sorte qu'elle ne soit pas ſeulement de purée de toute ſuperfluitez aduſtibles , mais auſſi de toutes terreſtritez , tant groſſieres que ſubtilles , attachées par mixtion forte aux parties aqueuſes venant de viſcoſité. Or ceſte depuration ſe fait quand le corps ſe tourne en eſprit & l'eſprit en corps , pour ce qu'en la procedure de l'oeuure il ſe faict conuerſion iuſqu'a ce que la nature tresprompte ait trouué vn eſtat permanent , auquel elle termine ſon mouuement , qui eſt la forme de la generation de l'oeuf , & lors nature commence vn autre mouuement pour former la medecine parfaicte , corrompant derechef noſtre Oeuf de la forme , & y introduiſant vne autre forme de medecine parfaicte , & cecy eſt paſſer de degré en degré , mais la ſapience d'vn bon Artiſte doit diligemment s'enquerir de la cauſe pourquoy la pierre purifiée s'achéue par solution, & de la cause pour laquelle il ne vient pas plustost & plus seurement à son intention, & pource que des causes opposées decoulét les opposées affections, & que par l'vn des contraires, on cognoist le reste: il faut remarquer que la proxime cause par laquelle la pierre purifiée s'acheue par solution, est vne similitude tres-grande de l'vn à l'autre & de l'esprit au corps, & du corps à l'esprit, non seulement en la matiere, mais aussi en la complection, qualitez & proprietez naturelles, car tant plus que le corps approche de la cõplexion de l'esprit, & au contraire tant plus promptement se font-ils vn, & se transfigurent en œuf, pource que chacun desire ce qui est plus approchant de sa complexion, & pource que le corps est tres-chaud

au

au profond de ſa nature , tant plus que le Mercure eſt chaud & pur tant plus eſt-il penetratif, & ſe fond mieux, & s'vnit mieux auec luy , de ſorte que de deux complexions , il s'en fait vne ſeule composée en ſa ſimplicité, car ce qui eſt chaud eſt digeſtif en quelque façon ſemblable au chaud & humide reſoult , & tant plus il eſt froid, n'ayant point de chaleur aiguë, tant moins penetre t'il au profond du corps & plus tard le diſſoult , & par conſequent ſe conioignant plus tard, voire plus tard à cauſe de la matiere , & de la quantité & qualité d'icelle matiere les eſpeces ne ſe ſeparant point de l'eſpece, mais à cauſe de la ſuiuante forme voila pourquoy l'Artiſte doit cognoiſtre entierement la matiere de la nature , ſa quantité & qualité , veu que les choſes predictes ſont ſans doubte à luy seul cogneuës. Or on ignore les propres instruments de la nature, par lesquelles elle agit mediatement en la matiere pour l'introduction qui est la forme de l Oeuf, veu que nul agent, soit qu'il soit naturel ou artificiel, ne peut agir sans les propres instruments & determinez, comme vous voyez, pource que la nature en la generation de toutes choses agit auec chaleur digerante & alterante, & mondifiante, comme auec son propre instrument, selon que la nature de toutes choses requiert, comment donc si vous ignorez cet instrument, croyez vous former vn Oeuf, nullement: l'art prend bien les esprits immondes de nature, & les conioinct auec les purs & spirituels de la nature, & en les sublimant, les esleue & nettoye comme la nature, & les despouille de toute mauuaise sulphurité, & en ce despouillement nature y agissant & operant, égalise les qualitez des Elemens, & les proportions d'iceux en la mixtion, combien que nous ignorons telles proportions n'estant pas necessaires, ny en nostre puissance de sçauoir cecy, ny ne le desirons sçauoir, estant seulemét cogneu à la seule nature, pource que nature se rectifie d'elle mesme, cuisant ses Elemens, & les mettant à proposition de son espece, estãt la rectitude de nature, & consistant en l'egalité de ses Elemens, & proportions d'iceux: Or puis que l'art ne peut pas egaler ses elemens qui sont en la nature, estant le propre d'icelle d'amener les Elemẽs a sa proportion, il apparoist qu'il suffit que l'art cognoisse & opere auec la nature, & en l'aydant par la nature, afin que l'art soit aydé d'icelle. Or l'art opere auec la nature, & la nature auec l'art en la transſmutation de la nature des metaux, quand donc ils ſont nettoyez par ſublimations, & voulans lors fuyr du feu lart, les voyans orphelins, leur adminiſtre incontinent vne nature fixe pure, afin qu'ils ſoient conforſortez par icelle, & les vertus des eſprits qui ſont en iceux elementaires & celeſtes pour la propoſition de la meſme nature, & par ainſi Nature les conuertit en corps nets & fixes, & non l'art, ſinon ſeruant d'organe ou inſtrument : de ſorte que la nature des corps dominera à iamais ſur la nature des eſprits, & par ceſte induſtric miraculeuſe l'art imite nature haſtant & accelerant ſes œuures, mais pource que l'art ſe comporte ainſi auec nature, à l'endroict des paſſions, en l'operation & generation de la pierre, on trouue en ſa ſuperabondance le milieu, & la defectuoſité : voila pourquoy les Philoſophes ordonnent de cognoiſtre les poids de l'vn & de l'autre, en cherchant la proportion és vertus des meilleurs, car la proprieté de l'art, lors qu'il nour rit ſa pierre, s'efforce d'obſeruer en l'education quatre poincts, c'eſt à ſçauoir, comment, pluſtoſt, & quand il le faut, & combien il en faut, & comment il faut qu'il ſoit faict, or ces termes ne ſont pas moins deductibles aux actions & paſſions, ſi l'on regarde à la debilitation ou confortation de nature auec laquelle l'art opere, & par les diſpoſitions de l'art les choſes intrinſeques ſont gouuernées ce qui a fait reciter aux Philoſophes auec meſure les natures des feux au magiſtere de la decoction, en regardant la nature moyenne, pource qu'vne telle vertu eſtant conſiderée en ſoy eſt vne certaine medieté & coniecturatiue d'icelle, pource qu'elle regarde le milieu & le milieu opere. Dauantage pource qu'à la rectitude de Nature suppose vne operatiue disposition, les lauant en l'expoliation du Soulphre corrompant, vous deuez disposer vostre matiere pour la fondre, autrement elle ne se mondifiera pas, ny ne se rectifiera, & par consequent ne pourra pas prendre la forme d'vn Oeuf, d'où a dict Arnault de Villeneufue en son nouueau testament, que la Pierre doit estre premierement cogneuë de quel genre elle est, lequel estant cogneu la faut mondifier par ablutions & fusions, mais comme la matiere prend fusions premierement elle se pourrit, veu qu'elle a la substance de liquefaction, elle ne peut aucunement estre tirée par autrefaction, d'où le susdit Arnault au Rosaire dict, que s'il n'est putride, il ne pourra estre fondu, &

ne se dissoudra point, Et Morien dit, Sçachez qu'apres la putrefaction on a l'Azoth qui est interpretté substance de liquefaction, par laquelle le Dieu tres-haut & le benin Createur a crée la grande, & acheué la composition qui a esté cherchée, mais elle ne prendra pas vraye putrefaction iusques icy, si elle n'est premierement diuisée en substances elemētaires, veu qu'en icelles se trouuēt les vertus putrefactiues qui sont appellées principes de tous corps transmuables, ou des generatifs & corruptifs, car toutes choses prennent des qualitez des elemens, diuerse alteration tendante à generation mediatement ou immediatement, ou aussi plus parresseuse ou esloignée selon la force ou debilité de la vertu putrefactiue, corrompante & generatiue, d'où vostre industrie doit chercher cest art aux elemens de la pierre parmanente, pource que comme dit Arnault de Villeneufue, nostre science consiste en la science des quatre elemens, & en la conuersion esgale d'iceux, pource que tout ce qui est au monde y est non par veuë, mais par vertu, & d'autant que leur separation est necessaire, il adiouste que les mesmes elemens par distillation & putrefaction se reitereront & conioindront, car par ce moyen tout le corps se fait spirituel, & la premiere matiere de laquelle il a esté premierement fait & des quatre Elemens, encor qu'apres il se face en l'operation de l'œuure vne autre premiere matiere de leur deuë coniontion tres-proche à ce genre metalicq, d'où il apparoist que ce que nous entendons en la nature de la pierre paruient de ses Elemens pource qu'il faut que vous cognoissiez la premiere matiere, la proche & la tres-proche, car tous les Philosophes ont mis que ceste preparation est vraye, & que rien ne se cognoist sinon de ses principes, & en voit-on la preuue au deuxiesme des Phisiques, qu'entendre & sentir ou estimer en toutes sciences, n'est que de ses principes, & causes, & de leurs Elemens, mais pource que la vertu de la matiere doit estre proportionnée aux forces selon l'estre, par lesquels en l'acte elle se parfaict, parquoy vous deuez mettre d'ordre son operation selon cette forme, à laquelle il la faut premierement disposer ou approcher, car la forme entre en toute sorte de matiere disposée & qui luy approche, or puis qu'il y a autant de degrez de matieres qu'il y a d'ordres de formes selon nature, considerez par quelle forme & de quel degré vous pensez sublimer nostre matiere, & suiuant cela disposez la premieremét par operation propre, afin qu'elle soit renduë idoine, pour prendre la susdite forme par laquelle elle se doit acheuer & sublimer. Or cete habilité ou approchement à la premiere, conçoit premierement par operation propre & naturelle, veu qu'il y a en elle perfection, comme ie me souuiens de l'autre dit cy-dessus selon son degré, car la matiere, encor qu'elle ait esté suffisamment preparée par la preparation du premier ou du second degré, ne peut prendre forme, si n'y conioignez les preparations du troisiesme, lesquelles disposent la premiere, encor que par les preparations du second degré de sublime perfection, elle ait esté renduë tresproche pour conceuoir la forme du troisiesme, veu que l'on ne peut venir d'vn extresme à vn extresme, sinon que par vn milieu, car comme les operations disposent la matiere la forme du premier degré aux effects & operations par lesquelles elle acquiert la forme du second degré, & ainsi elles l'habilitent ou disposent par operations, par lesquelles elle prend sa forme du troisiesme & du grand Elixir, quand elle est doncques au troisiesme degré elle est le grand Elixir, & quand vous voulez auoir la forme du troisiesme degré auec celle du second. & que vous n'auez pas celle du premier degré, trauaillez tant que vous voudrez pour rendre cette matiere proche d'vn tel degré & du plus grand, vous vous peinez en vain luy pensant donner la derniere forme de l'Elixir, car ie ne vous puis pas escrire toutes les choses qui sont necessaires, les remettant à vostre iugement, car les choses spirituelles declarent assez comme vous deuez reglervostre œuure par les degrez des formes, & selon la nature de chacun degré preparer la matiere de nature, afin que par la preparation de l'vn, elle soit disposée à la preparation de l'autre, iusqu'à ce que veniez a la fin de vostre desir, en ensuiuant ses degrez, car vous ne voudriez pas dőner a vostre œuure si peu de temps comme plusieurs fols croyent, pource que cecy est contre raison & contre le mouuement de nature, croyez aux aduertissements des Philosophes qui ont veu les profonditez de nature, car Hipocrates dict, le temps est bref à raison de l'aage, l'experience est longue à raison du temps, surquoy dict Geber, encor que peu & principalement des anciens ayent eu cette science, car il a dict anciens &

non ieunes, pource qu'ils ſont impatients, la voulans auoir en peu de temps, & c'eſt pourquoy il conclud au liure intitulé de l'inueſtigation du parfaict magiſtere, non qu'il entende que le temps ſoit court, car il dict autre part, c'eſt la medecine laquelle vn tres-long-temps a occupé, ou que l'eſpace d'vn tres-long-temps anticipe, & en la ſomme chapitre de la medecine du troiſieſme degré dict, que pour plus grande induſtrie en l'adminiſtration de ceſte matiere & de la perfection de preparation qu'il faut vn long-temps pour l'accompliſſement de verité, encor que la medecine de ce troiſieſme degré ne ſoit point diuerſifié de la medecine du ſecond ordre, ſinon en ſa creation par les autres tres-ſubtils degrez de preparation ſublimatiue, & par vn long labeur, & autre part de la coagulation Mercuriale, pource qu'il est tres-difficile de coaguler l'humidité ignée, ce qui n'arriue à l'Artiste que tres-laborieusement auec profondité d'industrie, toutes lesquelles choses denottent vn long-temps, aussi sur cecy les Philosophes exhortent d'auoir la patience en retardement: que donc l'impatient quitte l'œuure, car toute action a son mouuement & temps determiné: Et le maistre Arnault de Villeneufue dict en son Rosaire, il faut que nostre Medecine soit accoustumée plus long-temps sur le feu, que l'enfant qu'on nourrit, ou il faut remarquer que plus long-temps est dauantage, que dauantage que long-temps, qui est neantmoins plus que le bref: La Medecine donc ne se faict pas en peu de iours, ny de mois, ny en bref, veu qu'il la faut plus long-temps dompter par le feu

& l'y nourrir : Or cecy ſe dict à cauſe des mutations qui ſont les meilleures & principales de l'operation & d'vn tres-long labeur, comme on voit en la nature du Mercure, par l'exalation des parties tres-ſubtiles, & par la conſeruation de l'humide des parties plus groſſieres qui s'acheue par reiterée ſublimation iuſqu'a ce qu'il ſoit faict le grand & parfaict Elixir, veu que noſtre Mercure eſt de viſqueuſe & deliée ſubſtance, comme l'experience le demonſtre lors que l'on le bat auec l'imbibition & mixtion qu'il a eſquelles il demonſtre ſa viſcoſité, à cauſe de la grande adherance qu'il faict en ſes parties, & par la'ſpect de ſon poids on remarque ſa denſité, & à cauſe de ſa tres-forte compoſition ne ſe peut faire que par longue eſpace de temps & grande induſtrie, ce qu'auſſi l'experience enſeigne, & cerre mesme cause de congelation ou inspissation de la Lune, qui se parfaict par reiterée sublimation auec la difficulté de le manier a semblé bon d'estre remarquée, veu qu'il se trouue de mesme nature de corps, d'autant que par decoction tous corps prennent origine d'iceluy, & peut estre tiré de tous corps par vne certaine reincrudatió, d'où l'on voit que les mutations de ce labeur sont tres-longues, & d'vne aussi grande difficulté pour le manier qu'il y a en le sublimant en faisant vn grand feu, & combien que les Philosophes diuisent son magistere en plusieurs operations selon le degré des formes & de leurs diuersitez, toutesfois il n'y en a qu'vne en la formation de l'Oeuf, mais en la reiteration de son action, il se faict tousiours diuersité au mouuement, & és couleurs de plus tardiue separa-

tion

tion & de fortification du feu, & telle diuersité en l'oeuure faict diuerses operations, encor qu'en verité il n'y ait qu'vne seule & vne maniere de faire, come dit expressement le Philosophe en son liure, où il explique la figure de la chasse du Lyon, qui s'accorde auec l'intention de Morien, disant que le magistere n'est qu'vne extraction d'eau d'auec la terre, & vn messáge d'eau sur la terre, iusqu'à ce que la terre se pourrisse & nettoye, afin qu'apres elle se dissolue & qu'elle soit faicte entieremét spirituelle auec l'esprit, & cecy alors s'appelle Oeuf, & le Mercure des Philosophes, à cause dequoy Morien adiouste, lors qu'elle sera nettoyée par l'ayde de Dieu, tout le magistere sera faict, car il veut dire que le corps se dissoult en esprit, & c'est cette solution que vous auez alle-

guée cy dessus, qui se faict inconti-
nent apres son entiere depuration de
toute chose corrompante, car telle
depuration ne se fait que par la vertu
de putrefaction n'estant qu'vne gran-
de chaleur d'esprit, laquelle le corps
corrompt auec vne estrange com-
plexion de corps, & la putrifie pene-
trant iusqu'au plus profond d'icelle,
sans qu'a iamais ils puissent estre se-
parez, & ainsi par telle putrefaction
& elixation le corps se reduit en la
complexion du Mercure qui est dif-
ferente de celle du corps, & afin que
vous entédiez la nature du corrópant
& putrifiant, il faut remarquer qu'il
faut necessairement que ce qui est au
dissoluant & putrifiant Mercure sur-
monte en force la chaleur de l'œuure
en la cóplexion de ce corps, & quand
la chaleur qui est la complexion du
corps mesme, pource qu'elle luy est

de complexion estrangere, & en corrompant sa complexion il la conuertit en œuf, c'est à sçauoir en Mercure chaud & humide, comme vainqueur, parquoy ce qu'au commencement estoit sec & fixe, est faict spirituel volant, & ce que premierement estoit en forme de metal, est vne forme de Mercure: mais tel mercure ne se treuue point sur la terre, sinon celuy qui est au corps parfaict, desquels il est tiré par putrefaction, par chaleur de complexion estrangere, comme il apparoist par sa definition qui est ainsi definie par les autheurs fameux. La putrefaction est corruption de la propre humidité qui est au Mercure qui est au corps par estrangere chaleur: dauantage il est bon que le Mercure putrefie & ne resolue pas, ny ne consomme l'humidité du metal, mais que demeurāt en iceluy il la corrompe par qualitez naturelles l'y disposant, par lesquelles il est fait metal contraire, il change donc la complexion qui conuient au metal en celle qu'il ne pourroit nullement faire, tandis que l'humidité du metal informé par naturelle chaleur y demeureroit. C'est pourquoy il faut que premierement la chaleur de l'esprit auec sa queuë, comme vn Scorpion, corrompe en picquant la chaleur naturelle du mesme corps, & pource que le porteur de la chaleur ou du soulfre est esprit, c'est à sçauoir le Mercure tenãt comme lié le soulfre auec iceluy pour la complexion du corps; voila pourquoy il est necessaire que nostre Mercure corrompe premierement la complexion d'iceluy, pour demonstration desquels, à cause de mon trescher Iean, le porteur des presentes, de ceste tres-cachée ſcience ou art, ie vous reſerueray autant qu'il me ſera poſſible des ſecrets plus amples, eſtimant que vo⁹ ſerez à touſiours obſeruateur des ſecrets, les cachant comme ſous l'ordure du fumier. Ie dis donc qu'il faut qu'en tous putrefactifs il y ait de la chaleur eſtrangere, corrompant la propre naturelle chaleur. Or ie dis que cette chaleur naturelle qui eſt propre à tous metaux, par laquelle ils reçoiuent leur complexion, ou bien ce ſoulfre qui eſt vne meſme choſe duquel ils reçoiuẽt leur congelation ſelon leur eſpece, & qui ſe trouue en ſa complexion en forme de metal, mais la chaleur eſtrangere s'appelle ce ſoulfre, qui eſt complexionné & amené à la complexion de noſtre fumier corrompant & putrefiant, qui eſt interpreté Mercure chaud & humide de fumier, duquel encor ſa cõplexion ſoit naturelle & propre, elle eſt toutesfois eſtrangere de celle du ſoleil ou de la lune, encor qu'il ſe puiſſe amener à l'égalité de la cõplexion de l'Elixir de ſoleil ou de lune. par les leuains, comme par chaleur eſtrange, dominant ſur ſa complexion, car la complexion de noſtre chaleur de fumier & de Mercure abonde en humidité, mais la complexion du ſoleil & de la lune ayant eſgard au fumier en ſiccité, c'eſt pourquoy lors que la chaleur du fumier eſt iointe auec celle du ſoleil ou de la lune, elle commence d'agir ſur iceluy auec ſon humidité, corrompant la chaleur naturelle du ſoleil ou de la lune, & par cõſequent toute ſa complexion par ſa chaleur plus longue, laquelle premierement eſtoit coagulée en forme de ſoulfre, dedans l'eſpece de ſoleil ou de lune entierement, en tres liquide ſubſtance de Mercure ; transmuant ce qui luy touche,comme il a eſté dit, ſi les forces du fumier ſont plus fortes que la chaleur du ſoleil ou de la lune, car il n'arriue pas que le Soleil ou la lune ſe putrefie tandis qu'il demeure informé par chaleur naturelle, c'eſt pourquoy il faut que la chaleur du ſoulfre de fumier ſoit plus puiſſante en agiſſant & corrompant l'humidité liquefactiue natureile du ſoleil ou de la lune car il ne corrompt nullemẽt l'autre s'il ne l'excite, encor qu'il ſoit de meſme genre humide & chaut, comme l'air & le feu, ou bien du tout contraire, comme chaud & froit, & eauë & feu. Cette cy eſt auſſi la cauſe pour laquelle toutes les choſes ſont en vn certain mouuement ſe corrompant, pource que les choſes naturelles ont cõtrarieté, & quelques vnes ſurpaſſent cette contrarieté, &

quelques vnes du tout contraires, & pource que ceux cy ſurpaſſent en vertu, elles agiſſent continuellement en elle, & patiſſent touſiours en elle, & cette ſimilitude eſt cauſe que communément la vie des animaux eſt abregée & leur durée leſquelles tendent touſiours à corruption, & c'eſt pourquoy és choſes animées il n'y a aucune faculté de demeurer & viure à iamais, & c'eſt pource que la chaleur du ſoulfre de ſoleil ou de la lune eſtãt ſurmontée prend contrarieté de la chaleur du ſoulfre de fumier, & d'icy la ſubſtance ſe putrefie & corrompt, & ſe conuertir en la nature de fumier meſme, comme en pourriture naturelle: noſtre fumier donc change la complexion du metal en celle d'vn œuf, & en mercure liquide, ayant les qualitez diſpoſées pour ſe conuertir en ſoleil ou lune, ce qui ne ſe feroit iamais, s'il n'estoit premierement dissoult par chaleur humide cōplexionnee: dissoluez le donc l'embrassant auec nature & chaleur de fumier, & le Mercure que les Philosophes en leurs secrets ont appellé fumier, pource que son humidité naturelle à raison de sa graisse, se conserue plus longuemēt par putrefaction en chaleur propre, c'est pourquoy elle engendre au metal putrefactió, auquel telle humidité demeure longuement, & pour ce qu'il se conserue plus longuement, il se desseiche plus difficilemēt, & se separe plus tard de la substance dissoute, ce qui se void en sa fusion, car elle est radicale aux metaux de genre humide, comme les fumiers aux autres choses, selon la nature, comme on le voit icy, pource qu'elle leur est iointe iusqu'a la racine, & a d'admirables operations, voire infinies, lesquelles les

Philoſophes ont celé ſoubs le fumier de cheual & de choſes abiectes, comme auſſi de ſels, d'alums, & de choſes aiguës, mais quoy qu'il en ſoit, ie dis de ſa generoſité, que la terre & l'eauë ſont grandement du nõbre des choſes materielles paſſiues, leſquels deux ſont froids, & que le froid ne peut coaguler ou engraiſſer ſinon en aydant & reſſerrant les parties de la matiere, & non en y mettant la forme ſubſtantielle, comme faict le chaud complexionnel, c'eſt pourquoy il leur faut introduire vne eſtrange chaleur, cõme il arriue en l'eau du leuain, eſtant eſſentiellement froide, mais chaude au toucher, ſemblablement froide, mais chaude au toucher ſemblablement, eauë coulée par les cendres eſt chaude, pource qu'elle a la chaleur qui opere en icelle par les cendres, pource qu'elle eſt en la cendre comme aux autres choſes enflammées, eſquelles le feu a long-temps operé, ou par chaleur il y a du chaud plus ou moins, ſelon la diuerſité de l'operation de la chaleur en icelle, à cauſe dequoy auſſi le Soleil & la Lune, & le mercure s'engendrent és lieux putrefactifs, pource que la naturelle chaleur de l'euaporation y eſt, qui fait prendre corps à l'humide qui l'exale, entendez de meſme ce que i'ay dit de noſtre magiſtere & des ſecrets de nature, toutesfois la cognoiſſance de cecy n'appartient qu'aux Phioloſophes, ou à ceux auſquels la philoſophie ſert de douce mere, pource qu'elle reuele ſeulement ſes ſecrets à ſes enfans, vous dites de plus en voſtre lettre & en vos queſtions, ſi vous pourrez venir à perfection par luy ſeul, ce qu'il faut entendre du ſuſdit & non de l'autre, pource qu'estant entierement preparé il cause perfection, car les Philosophes disent si par luy seul & qu'en meslant le corps par cecy le Mercure doit estre despouillé de toute sulphurité, de laquelle il est faict ou composé, iusqu'a ce qu'il n'y demeure rien que la substance pure & simple, & est appellé simple, pource qu'elle n'a plus de Soulfre qui la corrompe, lequel premierement elle auoit de sa composition, & lequel cõbien qu'il y fust n'estoit neant-moins de sa proportion, c'est pourquoy il est dict separé par art d'vn tel Soulfre pour estre fait pur Mercure simple sãs aucune estrange composition, & le Mercure à cause de sa chaleur simple de siccité homogene sur vn simple feu se fond, s'extenuant soy mesme sans aucune adustion auec la precedente solution, car tel Mercure est en partie volatil & en partie fixe, ce qui se void en ce qu'il ne se peut sublimer que par grand feu, quelquesfois en Mercure liquide qui est bon, quelquesfois en vn corps resplandissant & coagulé, qui est encor meilleur, quelquefois en poudre blanche qui est tresbonne, selon qu'il est plus humide ou plus sec, ou ce qui arriue entre cecy, selon ses diuerses passions de la chaleur seiche complexionnalle, & en cecy faillent ceux qui estiment que c'est seulement Mercure crud s'acheuant sans aucun corps, & ceux qui pensent encor qu'il est au corps n'ont pas encor atteint la parfaicte intention, combien qu'ils ayent l'entrée à icelle la proprieté de laquelle est de se retirer du feu auec toute sa substãce, ou auec toute la fixe qui reste, le tout estant fait homogene & inseparable, comme on ne peut pas separer l'eau meslée auec de l'eau, quand vous dictes par Geber, qu'il faut figer la partie plus pure & laisser le reste, vous croyez que la moitié de l'eau se fermentera, il faut que nous soyons bien tost de la nature des Philosophes, si vous desirez entendre leurs paroles, en ensuiuant la possibilité de nature. Or Geber declare comme les autres, les substance des perfections en entendant les termes de perfections, les substances sont paruenues, & quand ils disent que son effect est de figer quelque chose & de laisser le reste, ils entendent de la matiere qui est paruenuë au terme de pureté, par laquelle la solution du corps se fait pour former l'Oeuf, or quand le corps est dissout & sublimé en esprit par la premiere sublimation de toute sublimation ou esleuation du corps qui se faict par le feu, n'est pas encor œuf formé pource qu'il eſt beaucoup liquide, mais il faut oſter d'iceluy quelque humeur par reiterée ſublimation ſans feces, afin que ce qui eſt de plus radical en iceluy par ſeule ſublimation ſe tourne en poudre blanche ſublimée: & que ce qui eſt plus humide en iceluy, premierement ſoit ſublimé & gardé, pource que c'eſt la liquefaction ou ſa ſueur luy eſt renduë comme elle entre pour teindre, mais qu'elle eſt ceſte matiere Philoſophale, eſt ce en diſſoluant en eau: certainement non, d'autant que les Philoſophes n'ont cure des eaux adherantes à celuy qui touche, mais de celles qui vont ſur la ſuperficie, ayans auec elles du terreſtre inſeparablement meſlé, mais n'humectans rien, comme le Mercure faict de l'œuf, cette matiere donc ne veut qu'autre choſe luy ſoit adiouſtée que ce qui eſt d'elle, car elle a tout ce dequoy elle a besoin. Or nous ne voyons pas l'inceration de cette humidité que la terre se fonde à cause de la forte vnion qu'elle a merité en l'œuure de la mixtion de nature. Or la maniere de les faire ioindre se faict en accommodant les qualitez par l'action mutuelle d'icelles & passion, & les conioignant autant qu'il suffira par les moindres parties.

FIN.

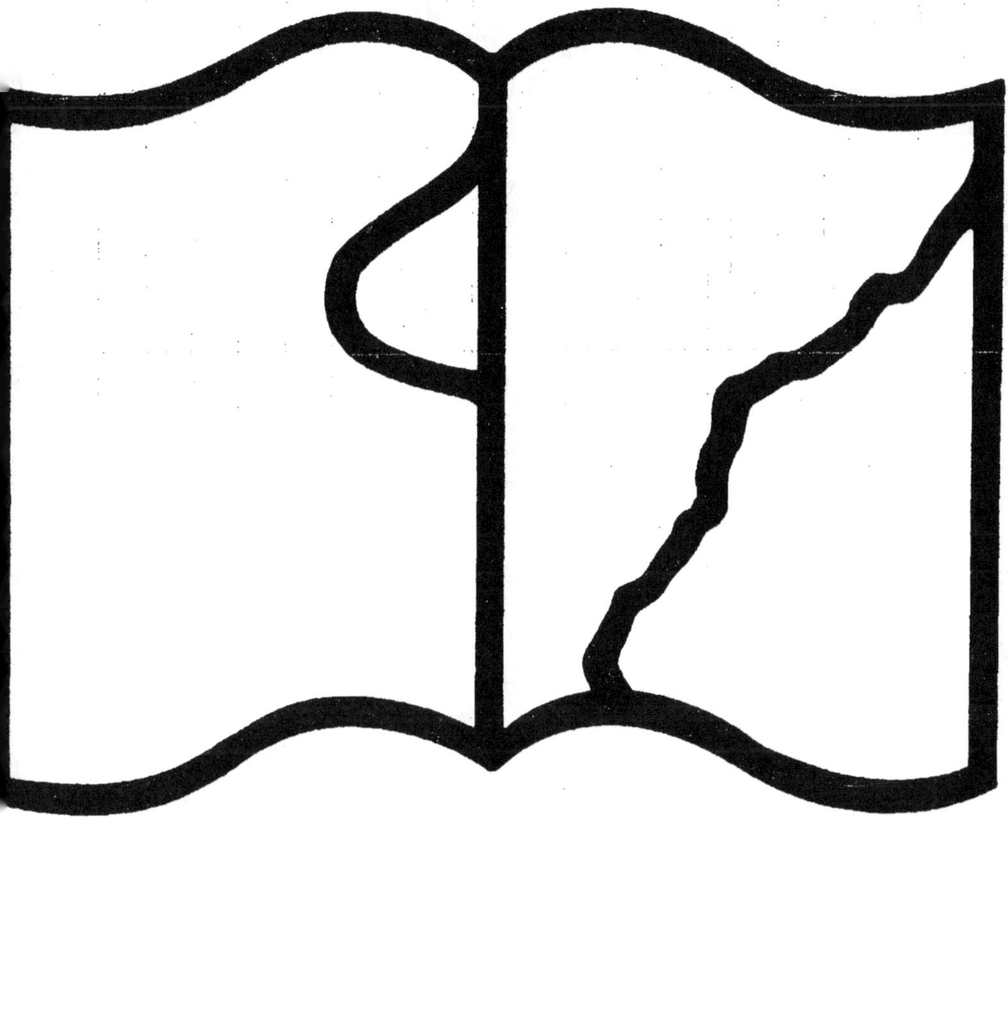

Pagination incorrecte — date incorrecte

NF Z 43-120-12

www.ingramcontent.com/pod-product-compliance
Lightning Source LLC
LaVergne TN
LVHW011105300926
849160LV00008B/282
9782012575165